主/编/介/绍

张 帜
全书总负责人、图数据库技术丛书主编、Neo4j简体中文版总设计师

张帜老师是微云数聚（北京）科技有限公司创始人、中国IT界元老、中国图数据库先导者、大数据领域资深专家、WPS曲线汉字全套核心技术的发明人。1985年研究生毕业于国防科技大学，获中国首届信息系统工程硕士。曾长期在微软任高级软件设计师及"维纳斯计划"技术主管。曾牵头研发中国移动139手机邮箱等明星商业产品。于2017年两会期间做客CCTV证券资讯频道《超越》栏目，与著名主持人阿丘老师对话，畅谈《关于图数据库的梦想》，被誉为中国图数据库第一人。推广普及图数据库并研发自主可控的国产图数据库，将是他人生的下一个关键目标！

图数据库技术丛书已出版和准备出版的著作有：
- 《Neo4j 权威指南》，清华大学出版社，已于 2017 年出版
- 《Neo4j 图形资料库權威指南》，台湾深石數位科技，已于 2018年出版
- 《Neo4j 3.x 入门经典（第 2 版）》，清华大学出版社，已于 2018 年出版
- 《Neo4j 图数据库扩展指南：APOC 和 ALGO》，清华大学出版社，2020年出版
- 《Neo4j 权威指南（第2版）》，清华大学出版社，预计于2020年底前后出版

张老师创办的微云数聚（北京）科技有限公司是一家实力雄厚的大数据技术公司，现有三个团队，分别是大数据专家团队、移动互联网技术团队和图数据库技术团队。微云数聚专注于研究图数据库技术及其应用，是世界领先的图数据库Neo4j的战略合作伙伴和在中国的官方代理。公司研制的 Neo4j 简体中文版是专为中国企业量身打造、符合中国企业习惯的图数据库系统产品，除了提供系统的汉化之外，还能扩展支持节点的图片显示、数据驱动显示呈现、智能查询及导入精灵（一种支持简便导入Excel、MySQL和Oracle等数据的工具），这些扩展将极大地促进Neo4j在华语地区的推广使用。微云数聚在华为、CCTV和中国首席数据官联盟等的大力支持下，与中国互联网、大数据企业客户建立了良好的合作和信任关系，为Neo4j的市场开拓奠定了良好的基础。

作/者/介/绍

俞方桦
本书作者、博士、PMP、IEEE和ACS会员

2001年获东华大学（原中国纺织大学）博士学位，研究领域为本体和信息抽取。在读期间参与多项国家和上海市教委、科委相关项目，完成软件技术发明证书、创新证书两项。

2001年~2003年参与上海市重大工程公务网建设，负责软件产品的开发和实施；期间参与制定国家标准《基于XML的电子公文格式规范》。

2003年~2005年作为COGNOS高级技术顾问参与宝钢、上海期货交易所、徐州卷烟厂等商业智能项目的咨询和建设。

俞方桦博士于2006年移民澳洲，并加入澳洲最大的银行澳洲联邦银行（CBA），担任商业智能和数据治理专家。期间领导并执行了多个项目，2007年获得集团"优秀服务奖"。2009年起参加行内核心业务系统向SAP的迁移项目，负责数据迁移过程的定义、数据质量评估、数据治理等领域的技术方案和实施。该项目耗时5年、投资10亿澳元，完成后联邦银行成为澳洲第一个"实时银行"。

2012年，俞方桦博士开发的创新手机支付应用ScanPay获得联邦银行创新编程大赛"Top Coder 2"冠军，借此他转入支付领域。2012~2013年俞方桦博士领导本行和阿里巴巴的电子商务合作项目；2014年起作为架构师负责行内多个支付项目的规划和设计，2年间参与并完成总额接近1亿澳元的项目。在2016年启动的"澳大利亚国家快速支付平台NPP"的建设中，俞方桦博士负责设计实时支付交易监控项目，并于2017年底成功上线。

俞方桦博士2017年12月加入Neo4j，负责Neo4j（全球领先的图数据库厂商）在亚太地区的售前咨询、技术和产品支持。他目前担任DAMA（数据管理协会）特邀专家、ITPub图数据库特邀专家、Neo4j中文社区专家、《Neo4j图数据库丛书》第3卷执行主编，并多次在线下、线上主办图数据库及其应用技术主题分享。

俞方桦博士是PMP认证的项目管理专家、欧盟GDPR数据保护规范认证专家，并拥有金融市场（投资和交易）高级学位（Hubb Institute）。多年来，他涉足过众多IT技术和应用领域、经验丰富，获得过AWS云服务架构师认证、IASA国际架构师协会认证证书、微软高级培训证书、COGNOS全部产品认证、TIBCO产品认证、Teradata数据库设计认证、SAP BP（业务伙伴）模块认证、哥伦比亚大学Data Science课程认证、Neo4j技术专家认证。俞方桦博士还是面向儿童的计算机编程网站codingisforeveryone.com.au的创办人和儿童编程教育的热心倡导者。

俞方桦博士目前定居澳大利亚悉尼。

图数据库技术丛书

Neo4j
图数据库扩展指南
APOC和ALGO

俞方桦 著

清华大学出版社
北京

内 容 简 介

Neo4j 是当今全球领先的图数据库软件，其起源于开源的图数据库项目，经过十余年的发展，已经在国内和国外的各类企业、研究机构中有着广泛和成功的应用。随着数据库规模的增加，以及对图算法类型、查询性能和数据库管理功能等要求越来越高，Neo4j 推出了扩展包 APOC 和 ALGO 以满足这些要求。

本书基于 Neo4j 数据库 3.5 版本及其对应的 ALGO 和 APOC 扩展包，详细介绍了近二百个主要过程和函数的定义、相关理论、使用方法、代码样例，让广大 Neo4j 图数据库的设计和开发人员能够快速掌握高效的图数据库分析方法及其应用开发技能。

作为《图数据库技术丛书》系列的第三本，本书的内容与前两本承上启下，可以作为 Neo4j 数据库的中高级设计人员、开发工程师以及数据科学家的技术参考手册。

图书在版编目（CIP）数据

Neo4j 图数据库扩展指南：APOC 和 ALGO/俞方桦著.— 北京：清华大学出版社，2020.5
（图数据库技术丛书）
ISBN 978-7-302-55548-3

Ⅰ．①N... Ⅱ．①俞... Ⅲ．①关系数据库系统—指南 Ⅳ．①TP311.132.3-62

中国版本图书馆 CIP 数据核字（2020）第 089944 号

责任编辑：夏毓彦
封面设计：王　翔
责任校对：闫秀华
责任印制：宋　林

出版发行：清华大学出版社
　　　　　网　　　址：http://www.tup.com.cn，http://www.wqbook.com
　　　　　地　　　址：北京清华大学学研大厦 A 座　　　　　邮　　　编：100084
　　　　　社 总 机：010-62770175　　　　　邮　　　购：010-62786544
　　　　　投稿与读者服务：010-62776969，c-service@tup.tsinghua.edu.cn
　　　　　质量反馈：010-62772015，zhiliang@tup.tsinghua.edu.cn

印 装 者：北京嘉实印刷有限公司
经　　销：全国新华书店
开　　本：190mm×260mm　　　　插　页：1　　　　印　张：20.25　　　　字　数：558 千字
版　　次：2020 年 7 月第 1 版　　　　印　次：2020 年 7 月第 1 次印刷
定　　价：79.00 元

产品编号：084549-01

推荐序一

Neo4j has always been an impressively powerful tool, originally providing a Java API and then the Cypher query language. In version 3.0 we added a really significant feature for users and contributors - the ability to write user defined procedures.

While this is a very important features for advanced users, it had a much more significant impact.

APOC - Awesome Procedures On Cypher was my attempt at providing many of the small and useful utility functions that I've seen users needing time and again in one comprehensive package.

With the launch of Neo4j 3.0 APOC had already 100 such procedures, today it has grown into the "standard-library" with almost 600 procedures and functions to make your lives easier. APOC gives all Neo4j users real superpowers, no matter which technology stack you prefer.

Like snapping Lego blocks together, APOC functions can be combined to build impressive, graph powered applications and workflows without needing to go down to the internal APIs of the database.

Like many successful, open-source projects APOC grew only to it's current size and adoption by the help of the many active great contributors, especially my friends and colleagues Stefan Armbruster, Andrew Bowman, and Andrea Santurbano.

I'm really excited that the library constantly supports my goal of "making Neo4j users happy and successful".

Thanks a lot to Joshua for creating this amazing, comprehensive, and hands-on book that shows in detail and with many examples how to make use of the APOC library.

With this invaluable resource you can easily learn how wield those powers yourselves and become a Neo4j Ninja in no time.

Michael Hunger, Director of Neo4j Lab
Creator of APOC

Neo4j 从一开始就是功能强大的工具：最初是 Java API，然后是 Cypher 查询语言。而在 3.0 版中，为用户和开发者添加了一项非常重要的功能：编写用户定义的过程。

这对于高级用户来说是非常重要的，但它产生的影响远远不止这些。

APOC（Awesome Procedures Of Cypher）是我的一个尝试：将许多小而实用的功能打包在一起。到了 Neo4j 3.0 的时候，APOC 已经拥有 100 多个过程和函数；到今天，则已发展成为具有近 600 个过程和函数的"标准库"，它使得基于 Neo4j 的应用开发变得更简单高效。无论你钟情哪种技术堆栈，APOC 都能为 Neo4j 用户带来真正的"超能力"。

就像乐高积木可以随意组合一样，我们可以将 APOC 的功能组合在一起，以构建令人印象深刻的图数据应用程序和工作流，而无须了解数据库的内部 API。

像许多成功的开源项目一样，APOC 发展到目前的规模和使用率离不开许多热情而且杰出的贡献者的参与，尤其是我的朋友和同事 Stefan Armbruster、Andrew Bowman 和 Andrea Santurbano。

很高兴 APOC 能不断支持我的目标：使 Neo4j 用户感到幸福和成功。

非常感谢 Joshua（俞方桦博士的英文名）编写了这本令人惊喜的、全面的、实践性强的书。该书详细展示了许多过程和方法，并举例说明了如何使用 APOC 库。有了这个宝贵的资源，您可以轻松地学习如何利用 APOC 的"超能力"，并很快成为"Neo4j 大师"（日语"忍者"音译）。

Michael Hunger, Neo4j Lab 总监
APOC 扩展库的发起人和主要开发者

推荐序二

I'm deeply impressed to see a Neo4j book in Chinese language. Without any doubt, China has a huge number of smart developers jumping onto graph databases.

Let me be honest - I don't understand a single word of Chinese. But I've received the table of contents in English. Knowing Joshua - the author of this book - in person I immediately understand that this is 300+ pages high quality content and a good read.

There are a couple of books out there covering the basics of graph databases and Neo4j. However this is the first book covering the APOC library and the Graph Data Science library both in a depth.

Another big plus is coverage on how to extend Neo4j with your own procedures and functions - including usage of Traversal API. This is a topic almost any Neo4j project will get faced with in case you're either dealing with a complex domain or you consider performance being one key requirement in your project.

I hope you'll agree to my words once you've finished reading this book. Have an enjoyable "tour de graph".

这是一本让我印象深刻的中文 Neo4j 图书。毫无疑问,中国有大量聪明的开发人员已经进入图数据库领域。

老实说,我看不懂、也听不懂中文。但是根据英文目录,以及我对 Joshua(本书的作者)的了解,我明白这本 300 多页的图书有着高质量的内容,并且读起来不错。

迄今为止已经有几本书涵盖了图数据库和 Neo4j 的基础知识。但是,这是第一本深入介绍 APOC 库和 Graph Data Science(即 ALGO)库的书。

本书另一个很好的内容是涵盖了如何通过过程扩展 Neo4j 的功能,包括使用 Traversal

API。这是我所知道的所有 Neo4j 项目都会遇到的问题，尤其是那些涉及复杂的应用领域，或者性能是项目中的一项关键要求的时候。

希望在读完本书后你也会同意：这是一次愉快的"图数据之旅"。

Stefan Armbruster，Neo4j 资深工程师

APOC 的主要贡献者

前　言

本书的内容

Neo4j 是当今全球领先的图数据库软件，起源于开源的图数据库项目，经过十余年的发展，已经在很多企业、研究机构中有着广泛和成功的应用。随着数据库规模的增加，以及对图算法类型、查询性能和数据库管理功能等要求越来越高，Neo4j 推出了扩展包 APOC 和 ALGO 以满足这些要求。

APOC 和 ALGO 都是 Neo4j 开发和共享的数据库扩展，它们包含了很多实用的算法过程和函数。APOC 提供了丰富的与查询执行、数据集成、数据库管理等相关的过程和函数，而 ALGO 则包含常用的图算法过程。APOC 是 Awesome Procedures Of Cypher 的简称，同时也是电影《黑客帝国》中的一个角色；ALGO 的名字就很容易明白了，它就是英文 ALGOrithms（算法）的开始部分。

APOC 和 ALGO 的内容丰富、功能强大，作为 Neo4j 数据库功能的扩充，是实现高性能查询、数据库集成、复杂算法等复杂应用所必须的。然而，国内的技术人员苦于一直没有关于 APOC 和 ALGO 介绍的中文资料，无法真正发挥它们的价值。另一方面，英文在线文档中使用的数据样例也不是中国用户所熟悉和了解的。这对于深刻理解像图算法这样的复杂概念来说又增加了不少难度。

出于上面的原因，我们在策划《图数据库技术丛书》系列的第三本时，选择了介绍 APOC 和 ALGO 扩展包。

本书基于 Neo4j 数据库 3.5 版本及其对应的 ALGO 和 APOC 扩展包，详细介绍了近二百个主要过程和函数的定义、相关理论、使用方法、代码样例，让广大 Neo4j 图数据库的设计和开发人员能够快速掌握正确和高效的图数据库分析方法及其应用开发技能。

本书分成四个部分：

（1）概述（第 1~2 章），介绍 Neo4j 数据库扩展的起源和安装配置方法；

（2）APOC 扩展包使用指南（第 3~9 章），介绍 APOC 中 7 类主要过程和方法的使用；

（3）ALGO 扩展包使用指南（第 10~13 章），介绍 ALGO 中 4 类图算法相关过程和方法的使用；

（4）Neo4j 数据库扩展开发指南（第 14~15 章），介绍使用 Java 开发数据库扩展过程和函数的方法。

全书共分 15 章，各章节介绍如下：

第 1 章 Neo4j 图数据库扩展概述。回顾 Neo4j 图数据库扩展的起源和来历，并概述两个主要扩展包 APOC 和 ALGO 的内容。对于 2020 年 4 月最新发布的 Graph Data Science 扩展包，及其对 ALGO 扩展包中相关图算法过程所做的接口改变也进行了介绍。

第 2 章 扩展包的安装和配置。介绍扩展包在不同 Neo4j 版本中的安装、配置和测试方法。

第 3 章 路径扩展过程。介绍 APOC 中与路径扩展相关的过程，通过实例说明如何对图中节点和关系进行更加高效的遍历，也介绍了 APOC 中对子图操作的过程。

第 4 章 查询任务管理。介绍查询的更新方法，特别是如何通过控制批次大小减少事务对内存的要求、如何通过指定并发性提高查询执行性能。本章还介绍了动态 Cypher 查询执行方法和条件分支执行。

第 5 章 数据导入和导出。介绍从各种数据源，包括 XML、JSON、JDBC 以及外部 Neo4j 数据库导入数据到 Neo4j 的方法，以及从 Neo4j 导出图或图的一部分到各种格式/目的数据存储的方法。

第 6 章 图重构。图重构是对图数据库中节点、关系和属性定义的变更和转换操作。APOC 提供的重构过程支持节点的合并、到关系的转换，关系的合并、重定向、反转、到节点的转换，根据属性值创建节点等操作。

第 7 章 数据库运维。主要介绍 APOC 中关于数据库触发器、索引管理、元数据和监控相关指标的过程和函数。

第 8 章 工具函数和过程。介绍 APOC 中路径对象相关操作、地图相关过程、集合操作；本章还介绍了几种主要的图生成过程。

第 9 章 虚拟图。虚拟图是仅存在于内存的图。虚拟图的创建和查询操作包括虚拟节点和关系的创建和查询。在内存中的图对象是许多图算法的输入。

第 10 章 路径搜索。最短路径是图算法和分析中最基本的一类方法。ALGO 扩展包提供若干常用最短路径搜索方法，以及最小生成树和随机游走的算法过程。

第 11 章 社团检测。介绍 ALGO 包中提供的几类相关算法过程：三角结构搜索、连通分量、标签传播、模块度方法。

第 12 章 中心性算法。介绍 ALGO 包中提供的几类中心性算法过程：维度中心性、紧密中心性、协调中心性、间接中心性、特征向量中心性和页面排行。

第 13 章 相似度算法。介绍 ALGO 包中支持的几种计算节点和/或关系相似度的函数和方法，包括 Jaccard 相似度、重叠相似度、余弦相似度以及几何相似度。对图学习相关概念和方法，例如特征工程、图嵌入也做了介绍。

第 14 章 数据库扩展开发。详细、完整地介绍如何使用 Java 开发客户化的 Neo4j 数据库扩展过程和函数。

第 15 章 自定义的图遍历。在第 14 章的基础之上，进一步深入介绍如何基于 Neo4j 的"遍历框架"实现高效的图遍历过程。

如何使用本书

本书提供 APOC 和 ALGO 扩展包中多数过程和方法的使用参考，每个过程或方法均包括：

- 概述：说明过程和函数的用途、相关理论和方法；
- 调用接口：查询、参数说明和返回值；
- 示例：基于样例数据的 Cypher。

本书章节按照过程所属的扩展包（APOC 或 ALGO）、然后是功能类别进行组织。如果你知道要进行什么样的操作、实现什么样的功能，可以通过目录找到对应的章节。

如果你要查找特定的过程或函数，可以从"目录"后的"ALGO 过程和函数索引"、"APOC 过程和函数索引"按照字母顺序找到它们所在的章节。

格式及说明

为方便区别不同的内容，本书中使用的特定排版格式。举例说明如下（按照在书中出现的先后顺序排列）。

（1）Linux 命令行：

```
mkdir plugins

pushd plugins

wget https://github.com/neo4j-contrib/neo4j-apoc-
procedures/releases/download/3.5/apoc-3.5-all.jar

popd

docker run --rm -e NEO4J_AUTH=none -p 7474:7474 -v
$PWD/plugins:/plugins -p 7687:7687 neo4j:3.5
```

（2）Cypher 查询（包含注释行）：

```
// 2.2 (1) 测试 ALGO 扩展包安装

CALL algo.list


// 2.2 (2) 测试 APOC 扩展包安装
RETURN apoc.version()
```

（3）过程定义：

下面的图例表示过程 apoc.path.expandConfig：

- 支持有向图；
- 无关于权重图，即图中关系上是否带权重属性对过程没有影响；
- 返回结果到客户端；
- 不更新数据库；
- 低复杂度，通常是 O(N)、O(LogN)或 O(N*LogN)；
- 不支持并行执行（单进程）。

（4）过程接口：

```
CALL apoc.path.subgraphNodes(
    startNode <id>Node/list,config
) YIELD node
```

（5）Neo4j 数据库配置选项（在 neo4j.conf 文件中指定）：

neo4j.conf | apoc.jobs.pool.num_threads=10

（6）CSV 文件内容：

```
name,genre,zi,weapon,title
刘备,男,玄德,双铜,昭烈皇帝
关羽,男,云长,青龙偃月刀;长剑,汉寿亭候
```

（7）JSON 文件内容：

```
{
    "store": {
        "book": [
            {
                "category": "reference"
            }
        ],
        "bicycle": {
            "color": "red", "price": 19.95
        }
    },
    "expensive": 10
}
```

（8）XML 文档内容：

```xml
<?xml version="1.0"?>
<目录>
   <图书 id="bk101">
      <作者>罗贯中</作者>
      <书名>三国演义</书名>
      <出版日期>2000-10-01</出版日期>
      <简介>中国古代四大名著之一。三国指的是魏、蜀汉、吴。</简介>
   </图书>
</目录>
```

（9）Java 代码：

```java
package com.mypackage;

import org.neo4j.graphdb.GraphDatabaseService;

  public class Procedures {

    @Context
    public GraphDatabaseService db;

    @Context
    public Log log;

}
```

（10）重要技巧，建议使用：

重要技巧

仅在对路径进行扩展时定义序列才是重要的。因此，如果只需要搜索能够到达的节点，或者路径的序列由其他规则选择，那应当避免使用序列 sequence 参数。例如，我们建议在 apoc.path.subgraphNodes()、apoc.path.subgraphAll()和 apoc.path.spanningTree()过程中不要使用序列，因为这些过程中实现的高效匹配唯一节点算法会干扰序列化路径寻址的执行。

（11）警告信息，避免使用：

避免使用

除非明确知道需求、数据特征、而且已经测试过相关逻辑，否则不要使用 NONE 作为唯一性规则，因为这样会在遍历有环的图时形成无限循环，从而影响数据库运行。

（12）重要提示，谨慎使用：

小心使用

仅当数据库是存储在 SSD（固态硬盘）时才使用 parallel:true 选项，因为 SSD 具有更好的随机读写速率。如果是物理硬盘，则不要使用并行选项，因为这反而会降低整体执行效率。

源码下载与技术支持

本书中所有样例数据、Cypher 代码和 Java 项目和代码均可以在这里免费访问：

https://github.com/Joshua-Yu/neo4j-extensions-book

如有问题，欢迎在 Neo4j 中文社区中留言：http://neo4j.com.cn。

作者联系邮箱：张帜：zhizh@we-yun.com，俞方桦：yufanghua@yahoo.com。

致　谢

每一本书从构思到编写到出版都不是一蹴而就的，其中不仅仅有编者的辛勤努力，也与更多人的支持和付出密不可分。这里，我首先要感谢张帜老师，作为丛书的主编，是他激励我写这本书、积极与出版社联系，并在撰写过程中给予我很多指导。

我还要感谢 Neo4j 的同事们。在写作过程中无论什么时候我有问题，他们都及时耐心地回复我，他们似乎是 7×24 小时在线、永远不知疲倦。对于本书的内容，他们也提出了宝贵的建议和意见。

我要感谢来自华为和平安科技的用户们，他们提供的关于过程文档和代码的反馈意见，不仅对本书的内容有积极的参考价值，还使得存在的代码缺陷、文档疏漏得到及时修正。

特别感谢清华大学出版社的编辑老师们，有了他们的竭力支持和精雕细琢，本书才得以顺利问世。

在本书撰写的过程中，尤其感谢我的家人给予的支持和帮助；特别地，谨以此书纪念我的母亲。

期望这本书能够给中国大数据和图数据库领域的同行们提供有益的借鉴和参考，特别为图数据库的研究和应用发展尽绵薄之力。由于时间仓促，以及笔者能力所限，书中难免有错误及不足之处，敬请读者海涵，并提出宝贵意见。我们会在后续的版本中予以更正和补充。

俞方桦

2020 年 1 月 3 日于悉尼

目　录

第四部分　Neo4j 数据库扩展开发指南

第 14 章　数据库扩展开发 271

第一部分　概述

第 1 章
◄ Neo4j 图数据库扩展概述 ►

Neo4j 图数据库扩展是基于 Neo4j 相关的 API 和开发框架，使用 Java 开发的并部署在服务器端的过程和函数。这些过程和函数可以在 Cypher 中被调用。Neo4j 也称为图数据库。

1.1 Neo4j 图数据库平台

1.1.1 图数据库是当今最热门的 NoSQL 数据库类别

随着大数据时代的到来，传统的关系型数据库由于其在数据建模和存储方面的限制变得越来越难以胜任这些方面：频繁变化的需求；半结构化和非结构化数据的存储；处理和查询；快速迭代的创新和开发周期。特别是大数据时代的数据处理不仅仅是量大、结构多样，而且还要通过数据之间的关系来挖掘内在隐藏的新模式和新价值。关系型数据库，尽管其名称中有"关系"这个词，却并不擅长处理复杂关系的查询和分析。另外，关系型数据库也缺乏在多服务器之上进行水平扩展的能力。基于此，一类非关系型数据库，统称 NoSQL 存储应运而生，并且很快得到广泛研究和应用。

NoSQL（Not Only SQL/"不限于 SQL"[1]、非关系型数据库）是一类范围广泛、类型多样的数据持久化解决方案。它们不遵循关系数据库模型，也不使用 SQL 作为查询语言。它们的数据存储不需要固定的表格模式，也经常会避免使用 SQL 的 JOIN 操作，一般都有水平可扩展的特征。

简而言之，NoSQL 数据库按照它们的数据存储模型分成 4 类：

（1）键-值存储库（Key-Value-stores）
（2）按列存储库 (Column-based-stores)
（3）文档库（Document-stores）
（4）图数据库（Graph Database）

在上述 NoSQL 中，图数据库从最近十年的表现来看已经成为关注度最高、也是发展趋势最迅猛的数据库类型。图 1-1 就是 db-engines.com 对最近六年来所有数据库种类发展变化趋势的分析结果[2]。

---

[1] [NoSQL Distilled: A Brief Guide to the Emerging World of Polyglot Persistence. Addison-Wesley Educational Publishers Inc, 2009] ISBN 978-0321826626.
[2] https://db-engines.com/en/ranking_categories.

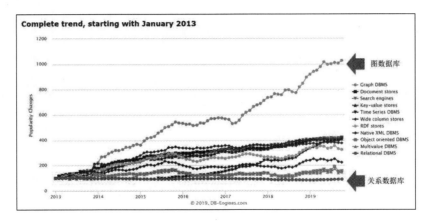

图 1-1　图数据库是近年来增长最快的数据库技术

在目前技术社区和商用市场上最被广大业务和技术人员熟知，而且应用最广泛的当属 Neo4j，如图 1-2 所示。

图数据库排名 - DBEngines

☐ include secondary database models　　　　32 systems in ranking, July 2019

Rank Jul 2019	Rank Jun 2019	Rank Jul 2018	DBMS	Database Model	Score Jul 2019	Score Jun 2019	Score Jul 2018
1.	1.	1.	Neo4j	Graph	48.98	-0.58	+7.10
2.	2.	2.	Microsoft Azure Cosmos DB	Multi-model	29.08	+0.84	+9.63
3.	3.	3.	OrientDB	Multi-model	5.69	+0.10	+0.30
4.	4.	4.	ArangoDB	Multi-model	4.66	+0.09	+1.21
5.	5.	5.	Virtuoso	Multi-model	3.12	+0.01	+1.13
6.	6.	↑10.	JanusGraph	Graph	1.67	+0.12	+1.17
7.	7.	7.	Amazon Neptune	Multi-model	1.39	+0.15	+0.61
8.	8.	↑11.	GraphDB	Multi-model	1.11	+0.03	+0.62
9.	9.	↓6.	Giraph	Graph	1.06	-0.03	+0.06
10.	10.	↓8.	AllegroGraph	Multi-model	0.95	+0.02	+0.36
11.	11.	↑17.	Dgraph	Graph	0.95	+0.06	+0.78
12.	12.	↑15.	TigerGraph	Graph	0.76	+0.04	+0.56
13.	13.	↓9.	Stardog	Multi-model	0.73	+0.01	+0.20
14.	14.	↓12.	Sqrrl	Multi-model	0.57	-0.02	+0.22
15.	15.	↑16.	Blazegraph	Multi-model	0.56	0.00	+0.37
16.	16.	↓13.	Graph Engine	Multi-model	0.54	+0.01	+0.24
17.	17.	↓14.	InfiniteGraph	Graph	0.38	0.00	+0.13
18.	18.	↑21.	FaunaDB	Multi-model	0.34	-0.02	+0.22
19.	↑21.	↑26.	AgensGraph	Multi-model	0.31	+0.07	+0.28
20.	↓19.	20.	FlockDB	Graph	0.27	+0.00	+0.15

图 1-2　DBEngines 最新图数据库产品排名[1]

1.1.2　Neo4j 图数据库平台

如图 1-3 所示，作为目前使用最为广泛、应用最为成功的图数据库平台产品，Neo4j 具有以下特点：

- 采用原生图（Native Graph）存储和处理数据。

[1] https://db-engines.com/en/ranking/graph+dbms.

- 基于（标签）属性图模型。
- 提供面向图分析的 Cypher 查询语言。
- 完全 ACID 兼容、保证数据一致性，因此同样适用于事务型（OLTP）和分析型（OLAP）应用。
- 实现数据库因果集群（Causal Clustering），提供高可用性、数据冗余和大吞吐量。
- 丰富的语言支持。
- 最具规模和最活跃的社区。

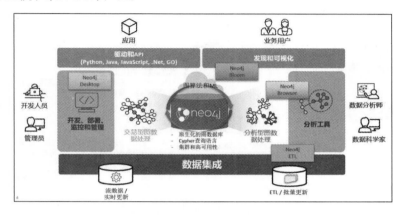

图 1-3　Neo4j 图数据库平台[1]

下面，我们逐一介绍 Neo4j 的主要功能组件及其子产品。

1.1.3　原生图数据库

原生（Native）图数据库引擎指的是以图的方式存储、处理、查询和展现数据，如图 1-4 所示。原生图数据库在关系遍历和路径搜索类查询应用中有着最佳的性能。

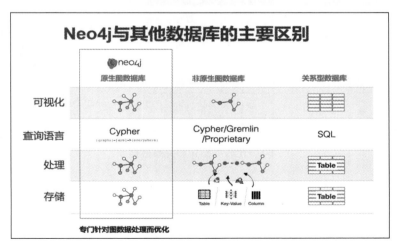

图 1-4　原生图数据库

---

[1] https://neo4j.com.

在 Neo4j 中，数据对象/实体/记录被保存为节点，它们之间的关系则以链接地址的形式保存在物理存储中。因此，在遍历关系时，原生的 Neo4j 图数据库无须像关系数据库那样需要执行连接 JOIN 操作，系统开销减少、执行效率提升。

因此，我们常说在关系型数据库中，关系是“计算”出来的；而在 Neo4j 图数据库中，关系是“读”出来的，如图 1-5 所示。

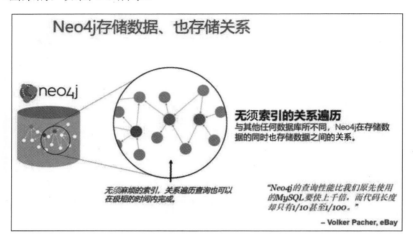

图 1-5 Neo4j 存储数据及其关系

由于 Neo4j 的本地图数据存储模式，在遍历诸如社交网络等规模庞大、连接层数众多的数据内容时，图数据库的查询性能远远优于关系数据库（见图 1-6）。

性能比较1：Neo4j和关系数据库

测试用例：搜索朋友的朋友时的查询响应时间比较

Depth	RDBMS execution time(s)	Neo4j execution time(s)	Records returned
2	0.016	0.01	~2500
3	30.267	0.168	~110,000
4	1543.505	1.359	~600,000
5	Unfinished	2.132	~800,000

测试说明：

- 1百万成员的社交网络
- 平均每个人有50个朋友

来源: *Graph Databases 2nd Edition, O'Reilly 2017*

图 1-6 比较 Neo4j 和关系数据库[1]

[1] Graph Databases 2nd Edition, O’Reilly 2017

1.2 Neo4j 数据库扩展

1.2.1　背景

Neo4j 图数据库扩展是基于 Neo4j 相关的 API 和开发框架，使用 Java 开发的和部署在服务器端的过程和函数。这些过程和函数可以在 Cypher 中被调用，就像存储过程可以在 SQL 中被调用一样，因此我们有时也称这些过程为"存储过程"。

APOC[1]和 ALGO[2]都是 Neo4j 开发和共享的数据库扩展，它们包含了很多实用的算法过程和函数。APOC 提供了丰富的与查询执行、数据集成、数据库管理等相关的过程和函数，而 ALGO 则包含常用的图算法过程。APOC 是最先得到广泛使用和好评的扩展包。说起来，它的名字 APOC，还颇有些"来历"，参考图 1-7~图 1-9 所示。

图 1-7　APOC 是什么（1）

图 1-8　APOC 是什么（2）

1　https://neo4j.com/developer/neo4j-apoc/
2　https://neo4j.com/docs/graph-algorithms/current/

图 1-9　APOC 的真正含义

相比起来，ALGO 的名字就很容易明白了，它就是英文单词 ALGOrithm（算法）的开始部分。

1.2.2　APOC 扩展库的内容

APOC 扩展库的内容可参考图 1-10 到图 1-21 所示。

图 1-10　APOC：地理空间函数

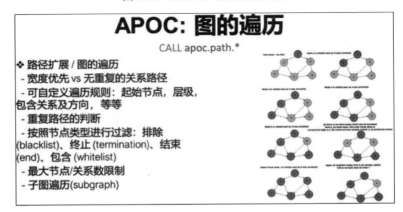

图 1-11　APOC：图的遍历

图 1-12　APOC：数据加载

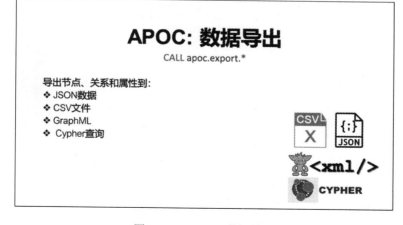

图 1-13　APOC：数据集成

图 1-14　APOC：数据导出

APOC: Cypher查询
CALL apoc.cypher.*

对的！你可以在Cypher里面调用apoc过程，然后在过程里面使用Cypher查询。

*&#*J%><@P(!5+$(*M<>?!

很搞脑子吧？

使用apoc来执行Cypher查询的好处：

✓ 可以动态构造查询语句
✓ 控制查询的执行时间
✓ 条件化查询分支：when, case
✓ 更灵活地查询执行任务控制：批次大小，并行执行，重试等

图 1-15　APOC：Cypher 查询

APOC: 虚拟图
CALL apoc.create.*

❖ APOC 支持创建虚拟(Virtual)的节点和关系，从而构成虚拟路径和子图
❖ 虚拟图类似关系数据库中视图(View)的概念：它们可以被查询并返回数据，但是并不物理地存储在数据库中
❖ 虚拟图使某些查询更加灵活和高效：
　- 创建数据库中并不存在的节点和关系
　- 缩小查询的相关子图规模
　- 控制遍历的路径
❖ 虚拟节点和关系的ID都是负数
❖ 内存管理

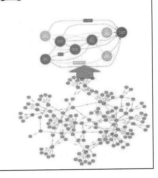

图 1-16　APOC：虚拟图

APOC: 重构/优化图
CALL apoc.refactoring.*

❖ 对已有的图进行转换操作以实现重构(Refactoring)，包括：
　- 复制节点及其属性，包括/不包括关系
　- 合并节点
　- 重建关系到新的节点
　- 改变关系类型
　- 将关系转换成节点
　- 将节点转换成关系
　- 将属性转换成分类节点，并与相关的节点建立关系

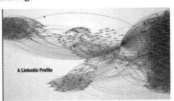

图 1-17　APOC：重构/优化图

图 1-18　APOC：并行节点查询

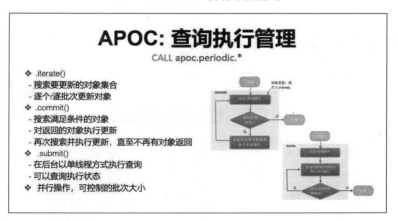

图 1-19　APOC：查询执行管理

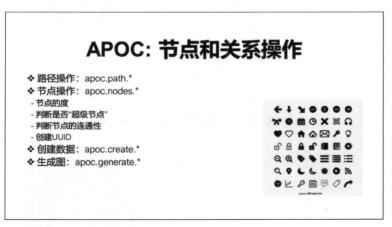

图 1-20　APOC：节点和关系操作

图 1-21　APOC：其他数据库特性

1.2.3　ALGO 扩展库的内容

ALGO 扩展库的内容可参考图 1-22 到图 1-26。

图 1-22　ALGO：路径寻找算法

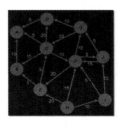

图 1-23　ALGO：路径寻找算法（续）

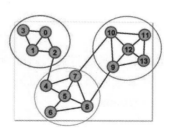

图 1-24　ALGO：社区检测算法

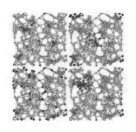

图 1-25　ALGO：中心性算法

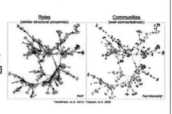

图 1-26　ALGO：相似度算法

1.2.4 ALGO 扩展库的未来版本

随着 Neo4j 4.0 的正式发布，后续的 ALGO 扩展库也会有一些变化。最主要的是过程和函数的命名空间和调用接口会与 3.5 版本有所不同，算法过程的实现则基本不变。

1. 命名空间

与图算法相关的过程和函数将使用新的命名空间：gds.algo，gds 代表 Graph Data Science（图数据科学）。例如现在的页面排行算法（参见第 12.7 节）名称空间是：algo.pageRank，今后会变成 gds.algo.pageRank。

2. 调用接口

每个算法过程有 4 种执行模式：

（1）write：更新数据库中节点或属性模式。这是现在版本已经支持的模式。调用接口：

```CYPHER
CALL gds.algo.<algo-name>.write(
  graphName: STRING,
  configuration: MAP
)
YIELD
  writeProperty: STRING,
  nodePropertiesWritten: INTEGER,
  relationshipPropertiesWritten: INTEGER,
  createMillis: INTEGER,
  computeMillis: INTEGER,
  writeMillis: INTEGER
  // other algo specific return columns
```

（2）stream：返回流式结果到客户端。这是现在版本已经支持的模式。调用接口：

```CYPHER
CALL gds.algo.<algo-name>.stream(
  graphName: STRING,
  configuration: MAP
)
YIELD
  // algo specific return columns
```

（3）estimate：模拟算法执行并返回执行所需的内存。这是未来版本支持的新模式。调用接口：

```CYPHER
CALL gds.algo.<algo-name>.estimate(
  graphName: STRING,
  configuration: MAP
)
YIELD
  nodes: INTEGER,
  relationships: INTEGER,
  bytesMin: INTEGER,
  bytesMax: INTEGER,
  requiredMemory: STRING,
  mapView: MAP,
  treeView: STRING
```

第 1 章　Neo4j 图数据库扩展概述

（4）stats：与 write 模式类似但是不将结果写入数据库。这是未来版本支持的新模式。调用接口：

```
CALL gds.algo.<algo-name>.stats(
  graphName: STRING,
  configuration: MAP
)
YIELD
  nodes: INTEGER,
  relationships: INTEGER,
  createMillis: INTEGER,
  computeMillis: INTEGER,
  // other algo specific return columns
```

无论是哪个算法，还是哪种执行模式，调用接口都进行了标准化，即包含 2 个参数：

- 一个图对象的名称；参见下一节中的详细说明。
- 配置选项，参见第 10~13 章中关于每个过程和函数的配置选项。

3. 图对象的创建和管理

```
// 根据给定数据创建图对象
CALL gds.graph.create(
  graphName: STRING,
  nodeProjection: MAP,
  relationshipProjection: MAP,
  configuration: MAP
)
YIELD
  graphName: STRING,
  nodeProjection: MAP,
  relationshipProjection: MAP,
  nodes: INTEGER,
  relationships: INTEGER,
  createMillis: INTEGER
```

调用接口中的 nodeProjection 格式如下：

```
{
    <node-label1>: {
        label: <neo-label>,
        properties: {
            <property-key1>: {
              property: <neo-property-key>,
              defaultValue: <expr>
            },
            <property-key2>: {
              property: <neo-property-key>,
              defaultValue: <expr>
            }, ...
        }
    },
    <node-label2>: {
        label: <neo-label>,
        properties: {
            <property-key1>: {
              property: <neo-property-key>,
              defaultValue: <expr>
            },
            <property-key2>: {
              property: <neo-property-key>,
```

15

```json
{
    <rel-type1>: {
        type: <neo-type>,
        projection: <rel-projection>,
        aggregation: <aggregation-type>,
        properties: {
            <property-key1>: {
                property: <neo-property-key>,
                defaultValue: <expr>,
                aggregation: <aggregation-type>
            },
            <property-key2>: {
                property: <neo-property-key>,
                defaultValue: <expr>,
                aggregation: <aggregation-type>
            }
        }
    },
    <rel-type2>: {
        projection: <rel-projection>,
        type: <neo-type>,
        properties: {
            <property key>: {
                property: <neo-property-key>,
                defaultValue: <expr>,
                aggregation: <aggregation-type>
            }
        }
    }
}
```

调用接口中的 relationshipProjection 格式如下：

```json
{
            defaultValue: <expr>
        }, ...
    }
}, ...
}
```

下面是其他与图对象相关的过程：

```
// 检查给定名称的图对象是否存在
CALL gds.graph.exists(graphName: STRING)
YIELD
  graphName: STRING
  exists: BOOLEAN

// 返回所有已定义的图对象
CALL gds.graph.list(graphName: STRING)
YIELD
  graphName: STRING,
  nodeProjection: STRING,
  relationshipProjection: STRING,
  nodes: INTEGER,
  relationships: INTEGER,
  degreeDistribution: MAP

// 删除指定的图对象
CALL gds.graph.drop(
  graphName: STRING
)
YIELD
  graphName: STRING,
  nodeProjection: MAP,
```

```
  relationshipProjection: MAP,
  nodes: INTEGER,
  relationships: INTEGER

// 从 Cypher 创建图对象
CALL gds.graph.create.cypher(
  graphName: STRING,
  nodeQuery: STRING,
  relationshipQuery: STRING,
  configuration: MAP
)
YIELD
  graphName: STRING,
  nodeQuery: STRING,
  relationshipQuery: STRING,
  nodes: INTEGER,
  relationships: INTEGER,
  createMillis: INTEGER
```

第 2 章
◀ 扩展包的安装和配置 ▶

ALGO 和 APOC 扩展包是二进制 JAR 文件，可以直接下载和安装，经过简单配置即可使用。

2.1 扩展包的下载

APOC 的下载链接是：http://github.com/neo4j-contrib/neo4j-apoc-procedures/releases/，在线文档：https://neo4j-contrib.github.io/neo4j-apoc-procedures/。

ALGO 的下载链接是：https://github.com/neo4j-contrib/neo4j-graph-algorithms/releases，在线文档：https://neo4j.com/docs/graph-algorithms/current/。

本书中使用的所有过程和函数都是基于以下 Neo4j 产品版本：

- Neo4j 社区版 3.5.5，发布于 2019 年 4 月
- APOC 扩展包 3.5.0.5，发布于 2019 年 9 月
- ALGO 扩展包 3.5.3.4，发布于 2019 年 4 月

2.2 扩展包的安装和配置

2.2.1 在 Neo4j Desktop 中自动安装

在 Neo4j Desktop 中安装 APOC 和 ALGO 扩展包只需找到"Plugins"面板，然后单击"Install"按钮，如图 2-1 所示。安装过程会自动下载最新版本的 JAR 文件到本地目录下，而后再修改配置文件。

图 2-1　在 Neo4j Desktop 中安装扩展包

2.2.2　手动安装

手动安装扩展包分为以下步骤：

（1）根据 Neo4j 版本选择兼容的 ALGO 和 APOC 扩展包进行下载。

（2）将下载的 JAR 文件复制到<NEO4J_HOME>/plugins 目录下。

（3）打开<NEO4J_HOME>/conf/neo4j.conf 文件，添加以下配置选项：

neo4j.conf	`dbms.security.procedures.unrestricted=apoc.*,algo.*`

如果需要使用 APOC 的导入导出过程，还需要添加下面的行：

neo4j.conf	`apoc.export.file.enabled=true` `apoc.import.file.enabled=true`

（4）重新启动 Neo4j 数据库服务。

2.2.3　在 Docker 容器中安装

如果使用 Docker 部署 Neo4j 服务器，可以先将扩展包 JAR 文件下载并存储在本地计算机或网络存储的/plugins 卷中，在 Docker 实例启动时加载该卷。

```
UNIX
mkdir plugins
pushd plugins
wget https://github.com/neo4j-contrib/neo4j-apoc-
procedures/releases/download/3.5/apoc-3.5-all.jar
popd
docker run --rm -e NEO4J_AUTH=none -p 7474:7474 -v \
 $PWD/plugins:/plugins -p 7687:7687 neo4j:3.5
```

也可以在 Docker 实例启动时修改 neo4j.conf 中的项目（-e 参数后面的内容）：

```
UNIX
docker run \
  -p 7474:7474 -p 7687:7687 \
  -v $PWD/data:/data -v $PWD/plugins:/plugins \
  --name neo4j-apoc \
  -e NEO4J_apoc_export_file_enabled=true \
  -e NEO4J_apoc_import_file_enabled=true \
  -e NEO4J_apoc_import_file_use__neo4j__config=true \
  -e NEO4J_dbms_security_procedures_unrestricted=apoc.\\\*,algo.\\\* \
  neo4j
```

neo4j.conf 文件中的配置项，在 Docker 加载命令行使用参数时，需要对名称进行转换：

- 添加 NEO4J_ 前缀。
- 将 "." 转换成 "_"。
- 将 "_" 转换成 "__"。

例如配置文件中的项 apoc.import.file.use_neo4j_config 在 Docker 命令行中就是 NEO4J_apoc_import_file_use__neo4j__config。

关于如何在 Docker 中加载 Neo4j，请参考 https://neo4j.com/developer/docker/。

2.2.4　测试安装

安装完成并重新启动服务器后，可以在 Neo4j Browser 中输入以下命令测试安装：

```
CYPHER
// 2.2 (1) 测试 ALGO 扩展包安装

CALL algo.list

// 2.2 (2) 测试 APOC 扩展包安装

RETURN apoc.version()
```

2.2.5　在线文档

可以通过下面的连接查询在线文档（英文）：

- APOC：https://neo4j.com/docs/labs/apoc/current/
- ALGO：https://neo4j.com/docs/graph-algorithms/current/

第二部分
APOC扩展包使用指南

第 3 章
◀ 路径扩展过程 ▶

路径扩展过程实现对图中节点和关系进行高效、可定制和细粒度的遍历。遍历的规则可以根据需要灵活设置。

3.1 路径扩展过程概述

常用路径扩展过程如表 3-1 所示。

表 3-1　路径扩展过程

过程名	接口	功能
apoc.path.expand	CALL apoc.path.expand(　startNode <id>|Node, 　relationshipFilter, 　labelFilter, 　minDepth, 　maxDepth) YIELD path	从给定节点出发寻找扩展路径，支持基本配置
apoc.path.expandConfig	CALL apoc.path.expandConfig(　startNode <id>Node/list, 　{ minLevel, 　　maxLevel, 　　relationshipFilter, 　　labelFilter, 　　bfs:true, 　　uniqueness: 　　　'RELATIONSHIP_PATH', 　　filterStartNode:true, 　　limit, 　　optional:false, 　　endNodes, 　　terminatorNodes, 　　sequence, 　　beginSequenceAtStart:true 　}) YIELD path	从给定节点出发寻找扩展路径，支持复杂的配置

过程名	接口	功能
apoc.path.subgraphNodes	CALL apoc.path.subgraphNodes(　startNode <id>Node/list, 　{ maxLevel, 　　relationshipFilter, 　　labelFilter, 　　bfs:true, 　　filterStartNode:true, 　　limit, 　　optional:false, 　　endNodes, 　　terminatorNodes, 　　sequence, 　　beginSequenceAtStart:true 　}) YIELD node	从给定节点出发寻找能到达的所有节点，并返回这些节点
apoc.path.subgraphAll	CALL apoc.path.subgraphAll(　startNode <id>Node/list, 　{ maxLevel, 　　relationshipFilter, 　　labelFilter, 　　bfs:true, 　　filterStartNode:true, 　　limit, 　　endNodes, 　　terminatorNodes, 　　sequence, 　　beginSequenceAtStart:true 　}) YIELD nodes, relationships	从给定节点出发寻找能到达的所有节点，并返回这些节点及对应的关系
apoc.path.spanningTree	CALL apoc.path.spanningTree(　startNode <id>Node/list, 　{ maxLevel, 　　relationshipFilter, 　　labelFilter, 　　bfs:true; 　　filterStartNode:true, 　　limit, 　　optional:false, 　　endNodes, 　　terminatorNodes, 　　sequence, 　　beginSequenceAtStart:true 　}) YIELD path	从给定节点出发寻找最小生成树，返回从起始节点到树中每个节点的路径

在上面的过程中使用的同名参数都有一致的格式和规则，特别是以下几个参数的含义和使用比较复杂：

- labelFilter: 标签过滤器。
- relationshipFilter: 关系过滤器。
- sequence: 标签和关系序列。
- uniqueness: 唯一性规则。

我们将在下面的章节对这些参数进行详细说明。

3.2　主要参数说明

3.2.1　标签过滤器（labelFilter）

标签过滤器参数（labelFilter）定义遍历过程需要包含或排除的节点标签类型，其值是包含标签和操作符的字串。

基本语法：

```
[+-/>]LABEL1|LABEL2|*|…
```

定义多组规则时使用逗号（,）分隔。

标签过滤器参数具体说明如表 3-2 所示。

表 3-2　标签过滤器参数

输入	结果
NULL	默认情况下，如果没有定义标签过滤器，那么所有标签的节点都会遍历
-Label	黑名单过滤器（Blacklist Filter）：遍历路径中排除那些节点标签在此黑名单中的路径
+Label	白名单过滤器（Whitelist Filter）：遍历路径中包含那些节点标签在此白名单中的路径（不包括终止或结束标签，参见下面的说明）。默认情况下，如果白名单过滤器没有定义，则所有标签都被视为列入白名单
/Label	终止过滤器（Termination Filter）：仅返回拥有给定标签的节点之前的路径，并停止进一步遍历。终止过滤规则优先于白名单过滤规则。终止过滤规则也优先于结束节点过滤规则
>Label	结束节点过滤器（End Node Filter）：返回直到拥有给定标签的节点之前的路径，而且继续遍历直到结束节点。结束节点规则优先于白名单过滤规则，但只有在后续节点的标签包含在白名单中时才允许继续扩展
* (所有标签)	可以使用*代表所有标签，也可以使用复合标签，例如 Label1:Label2，这时只有同时拥有所有标签的节点才适用

3.2.2　关系过滤器（relationshipFilter）

关系过滤器参数（relationshipFilter）定义遍历过程需要包含或排除的关系类型，其值是包含关系类型和操作符的字串。

基本语法：

```
[<]RELATIONSHIP_TYPE1[>]|[<]RELATIONSHIP_TYPE2[>]|…
```

定义多组规则时使用逗号（,）分隔。

关系过滤器参数具体说明如表 3-3 所示。

表 3-3　关系过滤器参数

输入	关系类型/关系名	方向
NULL	所有关系类型	BOTH
LIKES>	LIKES	OUTGOING
<FOLLOWS	FOLLOWS	INCOMING
KNOWS	KNOWS	BOTH
>	所有类型	OUTGOING
<	所有类型	INCOMING

3.2.3　标签和关系序列（Sequence）

如果仅指定标签序列，只需使用 labelFilter 参数，使用逗号分隔序列中每个步骤的过滤规则。

如果仅指定关系序列，只需使用 relationshipFilter 参数，使用逗号分隔序列中每个步骤的过滤规则。

如果需要同时使用关系和标签的序列，请使用 sequence 参数。

标签和关系序列具体用法如表 3-4 所示。

表 3-4　标签和关系序列用法

用法	配置参数	描述	举例	说明
仅使用标签过滤	labelFilter	相同的语法，使用逗号（,）来分隔序列中每个步骤的过滤规则	Post|-Blocked, Reply,>Admin	遍历的起始节点必须是 Post 节点而且不能是 Blocked 节点；下一个节点必须是 Reply 节点，再下一个必须是 Admin 节点。按照这个序列重复。仅返回以 Admin 类型节点结束的路径序列
仅使用关系过滤	relationshipFilter	相同的语法，使用逗号（,）来分隔序列中每个关系的过滤规则	NEXT>, <FROM, POSTED>|REPLIED>	扩展将首先从起始节点沿着流出的 NEXT 关系扩展，然后再是流入的 FROM 关系，流出的 POSTED 关系或流出的 REPLIED 关系；按照此序列重复
标签和关系过滤条件的序列	sequence	对于序列中的每个步骤，用逗号分隔的交替标签和关系过滤器。序列应以标签过滤器开头，并以关系过滤器结束。 如果定义了 sequence 参数，那么 labelFilter 以及 relationshipFilter 会被忽略	Post|-Blocked, NEXT>, Reply, <FROM, >Admin, POSTED>|REPLIED>	结合上面两行的过滤序列

当参数 beginSequenceAtStart 的值是 true（默认），上述过滤规则均包含并应用于起始节点（由 startNode 参数指定）；如果改变该参数的值为 false，那么所有规则将应用于起始节点的下一个节点。

重要技巧

仅在对路径进行扩展时才需要定义序列。因此，如果只需要搜索能够到达的节点，或者路径的序列由其他规则选择，那应当避免使用序列 sequence 参数。例如，我们建议在 apoc.path.subgraphNodes()，apoc.path.subgraphAll() 和 apoc.path.spanningTree() 过程中不要使用序列，因为这些过程中实现的高效匹配唯一节点算法会干扰序列化路径搜索的执行。

3.2.4　唯一性规则（Uniqueness）

唯一性规则决定如何判断节点、关系或它们的序列已经被处理过（出现重复遍历）。唯一性规则仅可在可配置的路径扩展过程 expandConfig() 中使用。

唯一性规则取值如表 3-5 所示。

表 3-5　唯一性规则取值

值	描述取值
RELATIONSHIP_PATH	对于每个返回的路径，不重复访问相同的关系。这是 Cypher 的默认扩展模式
NODE_GLOBAL	只有在之前的路径中没有包含的节点才会被返回，即节点只能被遍历一次。常用于返回节点可以到达的其他节点，但是不包含所有可能的路径
NODE_LEVEL	同一层的节点保证是唯一的
NODE_PATH	在每一条路径中，不重复访问相同节点
NODE_RECENT	类似于 NODE_GLOBAL，但仅保证最近访问的节点的唯一性，可以配置范围（计数）。 遍历一个巨大的图是非常耗费内存的，因为必须跟踪曾经访问过的所有节点和关系序列。对于巨大的图，遍历过程可能占用 JVM 中的所有内存，从而导致 OutOfMemory 异常。使用"最近节点唯一性"，可以通过设置阈值、限制保存最近访问的节点数来减少必须跟踪的路径总数，降低对内存的消耗、从而提高了可扩展性
RELATIONSHIP_GLOBAL	只有在之前的路径中没有包含的关系会被返回，即每个关系只能被遍历一次，而同一节点可以被遍历多次
RELATIONSHIP_LEVEL	同一层的关系保证是唯一的
RELATIONSHIP_RECENT	与 NODE_RECENT 相同，但应用于关系类型
NONE	没有限制（查询必须管理遍历过程）

重要技巧

因为 subgraphNodes() 和 spanningTree() 仅遍历一次到达过的节点，因此这些过程都使用'NODE_GLOBAL'作为唯一性的判断标准。

避免使用 | 除非明确知道需求、数据特征、而且已经测试过相关逻辑，否则**不要**使用 NONE 作为唯一性规则，因为这样会在遍历有环的图时形成无限循环、从而影响数据库运行。

3.2.5 理解 Cypher 的模式匹配

Cypher 是用于图数据库的模式匹配语言，它的特长就是从节点出发、沿着关系遍历到更多节点。Cypher 查询在执行时会根据设定的条件选择路径并扩展，直到遍历的边界条件满足为止，例如到达最大遍历层数、没有更多的路径可以遍历等。在遍历过程中到达的路径都会被查询线程保存在内存中。

理解 Cypher 处理模式匹配的过程对于实现高效的查询至关重要。主要的原因是：

● 合理的遍历过程可以限制遍历的范围、层次，控制系统开销。

● 合理的遍历过程可以避免大量重复而且无意义的路径。

● 合理的遍历过程使用有限的系统资源、并且不会对数据库服务造成负面影响。

下面来看几个例子。图 3-1 中简单的图 1（左图）和图 2（右图）。

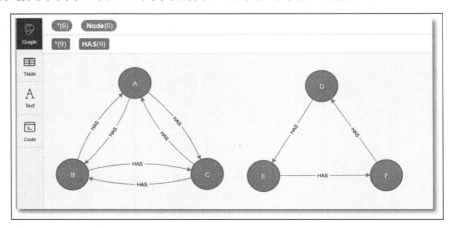

图 3-1　有环图的例子

使用 Cypher 来查询 1 度关系连接的节点：

```
// 3.2(1) 查询从节点 A 出发的1度关系节点，不考虑关系的方向。
// 返回结果：A-B 2条路径，A-C 2条路径，共4条。

MATCH path=(p:Node{name:'A'})-[*1]-()
RETURN nodes(path) AS nodes, count(*) AS count

// 3.2(2) 查询从节点 D 出发的1度关系节点，不考虑关系的方向。
// 返回结果：D-E 1条路径，D-F 1条路径，共2条。


MATCH path=(p:Node{name:'D'})-[*1]-()
RETURN nodes(path) AS nodes, count(*) AS count
```

使用 Cypher 来查询 2 度关系连接的节点：

```
// 3.2(3) 查询从节点 A 出发的2度关系节点，不考虑关系的方向。

MATCH path=(p:Node{name:'A'})-[*2]-()
WITH nodes(path) AS nodes, count(*) AS count
RETURN extract(n IN nodes | n.name) AS names, count
```

返回结果(12条路径)：

```
|"names"       |"count"|
|              |       |
|["A","B","A"] |2      |

|["A","B","C"] |4      |

|["A","C","B"] |4      |

|["A","C","A"] |2      |
```

```
// 3.2(4) 查询从节点 D 出发的2度关系节点，不考虑关系的方向。

MATCH path=(p:Node{name:'D'})-[*2]-()
RETURN nodes(path) AS nodes, count(*) AS count
```

返回结果(2条路径)：

```
|"names"       |"count"|
|              |       |
|["D","E","F"] |1      |

|["D","F","E"] |1      |
```

表 3-6 对图 3-1 中的图 1（左图）和图 2（右图）中的各种路径查询结果（单一起始节点）进行比较。

表 3-6　图 1 和图 2 中的各种路径查询结果比较

		图 1		图 2	
		所有路径	唯一路径	所有路径	唯一路径
1-度	有向	2	2	2	2
	无向	4	2	2	2
2-度	有向	4	4	1	1
	无向	12	4	2	2
3-度	有向	6	6	1	1
	无向	32	6	2	2

		图 1		图 2	
		所有路径	唯一路径	所有路径	唯一路径
4-度	有向	8	8	0	0
	无向	64	10	0	0
5-度	有向	6	6	0	0
	无向	64	8	0	0
6-度	有向	6	6	0	0
	无向	64	8	0	0
>6 度	有向	0	0	0	0
	无向	0	0	0	0

从上面的分析不难看出，查询的过程中节点之间关系数量、查询指定的关系方向以及遍历深度等因素会产生大量的节点和关系序列（路径），或是路径中包含重复访问的节点。例如对图 1 进行的 6 度邻居遍历时，返回的一个路径["A","B","A","C","B","C","A"]中节点 A 就重复被访问了 3 次。

在通常的应用中，这种重复不仅没有必要，反而会消耗大量内存和 CPU，极大影响查询性能和数据库服务的稳定性。为了避免重复，可以使用 APOC 的路径扩展过程中的 uniqueness 选项来控制遍历的选择逻辑。举例如下：

```
// 3.2(5) 使用 APOC 路径扩展过程查询从节点 A 出发的2度关系节点，不考虑关系的方向。
//        唯一性判断：RELATIONSHIP_PATH，与 Cypher 的默认方式一样。
//        结果与3.2(3)一致。




MATCH (n:Node{name:'A'})
CALL apoc.path.expandConfig(n, {
    minLevel: 2
    ,maxLevel: 2
    ,uniqueness: 'RELATIONSHIP_PATH'
  }
) YIELD path
WITH nodes(path) AS nodes, count(*) AS count
RETURN extract(n IN nodes | n.name) AS names, count

// 3.2(6) 使用 APOC 路径扩展过程查询从节点 A 出发的2度关系节点，不考虑关系的方向。
//        唯一性判断：NODE_PATH，从开始节点到终止节点的路径上不重复遍历节点。

MATCH (n:Node{name:'A'})
CALL apoc.path.expandConfig(n, {
    minLevel: 2
    ,maxLevel: 2
    ,uniqueness: 'NODE_PATH'
```

```
        }
) YIELD path
WITH nodes(path) AS nodes, count(*) AS count
RETURN extract(n IN nodes | n.name) AS names, count
```

返回结果:

"names"	"count"
["A","C","B"]	4
["A","B","C"]	4

```
// 3.2(7) 使用 APOC 路径扩展过程查询从节点 A 出发的 N 度关系节点，不考虑关系的方向。
//        唯一性判断：NODE_GLOBAL，每个节点仅需访问一次。
//        因为图中只有3个节点 A-B-C，而且 A 可以到达 B 和 C，因此只有2条路径返回。

MATCH (n:Node{name:'A'})
CALL apoc.path.expandConfig (n, {
    minLevel: 1
    ,maxLevel: -1
    ,direction: 'BOTH'
    ,uniqueness: 'NODE_GLOBAL'
  }
) YIELD path
WITH nodes(path) AS nodes, count(*) AS count
RETURN extract(n IN nodes | n.name) AS names, count
```

返回结果:

"names"	"count"
["A","C"]	1
["A","B"]	1

```
// 3.2(8) 使用 APOC 路径扩展过程查询从节点 A 出发的 N 度关系节点，不考虑关系的方向。
//        唯一性判断：RELATIONSHIP_GLOBAL，每个关系只访问一次。

MATCH (n:Node{name:'A'})
CALL apoc.path.expandConfig(n, {
    minLevel: 1
    ,maxLevel: -1
    ,direction: 'BOTH'
    ,uniqueness: 'RELATIONSHIP_GLOBAL'
  }
```

```
) YIELD path
WITH nodes(path) AS nodes, count(*) AS count
RETURN extract(n IN nodes | n.name) AS names, count
```

返回结果：

"names"	"count"	
["A","C"]	2	
["A","B"]	2	
["A","C","B"]	2	

3.3 基本路径扩展过程

3.3.1 定义

路径扩展过程（Path Expanding）是从指定的一个或一组起始节点开始，根据过滤规则沿着特定关系依次访问其他相连节点的过程。该过程迭代执行，直到没有更多相连节点或者预设的结束条件满足时终止。

路径扩展可以看作是图的遍历（Graph Traversal）的一种实现方式，参考图 3-2。

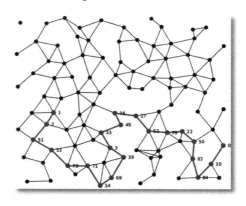

图 3-2　路径扩展过程

3.3.2 应用

在 Cypher 中也可以实现图的遍历，而 APOC 的路径扩展过程除了调用方法不一样以外，还具有下面的优势：

● 更加多样的遍历方式。

- 更加细粒度的遍历过程控制。
- 更好的执行性能。
- 更好的可扩展性。

3.3.3　过程概述 – apoc.path.expand

3.3.4　过程调用接口 – apoc.path.expand

```
CALL apoc.path.expand(
    startNode <id>|Node,
    relationshipFilter,
    labelFilter,
    minDepth,
    maxDepth )
YIELD path
```

apoc.path.expand 参数说明如表 3-7 所示。

表 3-7　apoc.path.expand 参数说明

参数名	类型	默认值	可为空？	说明
startNode	LONG - 节点 id，或者 Node - 节点对象	无	否	遍历的起始节点
relationshipFilter	关系过滤器规则	NULL	是	参见 3.2.2 节
labelFilter	标签过滤器规则	NULL	是	参见 3.2.1 节
minDepth	INTERGER	0	是	最小遍历层次数
maxDepth	INTEGER	-1	是	最大遍历层次数。-1 表示不限制，即直到不再有可遍历的路径为止

3.3.5　示例 – 创建三国人物关系图

```
// 3.3(A) 创建三国人物关系图
CREATE (n1:'人物':'皇帝':'文臣':'武将' {name: '刘备'})
        -[:兄长]-> (n2:'人物':'武将' {name: '关羽'}),
    (n2) -[:兄长]-> (n3:'人物':'武将' {name: '张飞'}),
    (n1) -[:兄长]-> (n3),
    (n1) -[:主公]-> (n4:'人物':'武将' {name: '赵云'}),
    (n1) -[:父子]-> (n5:'人物':'皇帝':'文臣' {name: '刘禅'}),
    (n1) -[:主公]-> (n6:'人物':'文臣' {name: '诸葛亮'}),
    (n5) -[:主公]-> (n4),
    (n5) -[:主公]-> (n6),
```

```
      (a1:'朝代'{name:'蜀汉'}) -[:对手]-> (a2:'朝代'{name:'曹魏'}),
      (a3:'朝代'{name:'西晋'}) -[:取代]-> (a2),
      (m1:'人物':'文臣' {name: '曹操'})
          -[:父子]-> (m2:'人物':'文臣':'皇帝' {name: '曹丕'}),
      (m1) -[:父子]-> (m3:'人物':'文臣' {name: '曹植'}),
       (m2) -[:兄长]-> (m3),
      (m1) -[:主公]-> (m4:'人物':'文臣' {name: '司马懿'}),
      (m4) -[:父子]-> (m5:'人物':'文臣' {name: '司马昭'}),
      (m5) -[:父子]-> (m6:'人物':'文臣':'皇帝' {name: '司马炎'}),
      (n1) -[:建立{year:221}]-> (a1),
      (m2) -[:建立{year:220}]-> (a2),
      (m6) -[:建立{year:266}]-> (a3)
```

运行上述 Cypher 语句，会得到如图 3-3 所示的三国人物关系图谱。

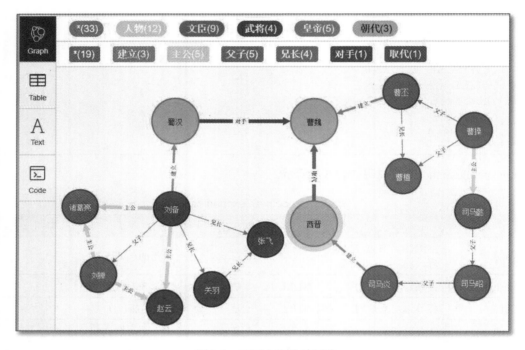

图 3-3　三国人物关系图谱

3.3.6　示例 – apoc.path.expand

```
// 3.3(1) 调用基本路径扩展过程，从"蜀汉"节点出发遍历图。
// 参数： - startNode:代表"蜀汉"的节点
//       - relationshipFilter: NULL
//       - labelFilter: NULL
//       - minLevel: 0
//       - maxLevel: -1，遍历直到返回能够到达的所有路径
// 返回结果：所有170条路径、15个节点、19个关系。
MATCH (n:朝代{name:'蜀汉'})
CALL apoc.path.expand(n,NULL,NULL,0,-1) YIELD path
RETURN path
```

```
// 3.3(2) 调用基本路径扩展过程，从"蜀汉"节点出发遍历图。
//  参数：- startNode:代表"蜀汉"的节点
//       - relationshipFilter: NULL
//       - labelFilter: -朝代，即遍历到其他"朝代"节点终止。
//       - minLevel: 0
//       - maxLevel: -1，遍历直到返回能够到达的所有路径
//  返回结果：蜀汉的所有人物。
MATCH (n:朝代{name:'蜀汉'})
CALL apoc.path.expand(n,NULL,'-朝代',0,-1) YIELD path
RETURN path
```

```
// 3.3(3) 调用基本路径扩展过程，从"蜀汉"节点出发遍历图。
//  参数：- startNode:代表"蜀汉"的节点
//       - relationshipFilter: NULL
//       - labelFilter: +皇帝|朝代
//       - minLevel: 0
//       - maxLevel: -1，遍历直到返回能够到达的所有路径
//  返回结果：三国时期的所有朝代及其皇帝。
MATCH (n:朝代{name:'蜀汉'})
CALL apoc.path.expand(n,NULL, '+皇帝|朝代',0,-1) YIELD path
RETURN path
```

```
// 3.3(4) 调用基本路径扩展过程，从人物节点出发遍历图。
//  参数：- startNode:代表"蜀汉"的节点
//       - relationshipFilter: 父子>
//       - labelFilter: +皇帝
//       - minLevel: 0
//       - maxLevel: -1，遍历直到返回能够到达的所有路径
//  返回结果：三国时期的所有朝代、皇帝及其父子关系。
MATCH (p:人物) -[:建立]-> (n:朝代)
WITH p
CALL apoc.path.expand(p,'父子>','+皇帝',0,-1) YIELD path
RETURN path
```

3.4 可配置的路径扩展过程

3.4.1　定义

可配置的路径扩展过程提供完整的配置参数来控制遍历过程。

3.4.2 过程概述 – apoc.path.expandConfig

3.4.3 过程调用接口 – apoc.path.expandConfig

<table>
<tr><td rowspan="1">过程接口</td><td>

```
CALL apoc.path.expandConfig(
    startNode <id>Node/list,
    { minLevel,
      maxLevel,
      relationshipFilter,
      labelFilter,
      bfs:true,
      uniqueness:'RELATIONSHIP_PATH',
      filterStartNode:true,
      limit,
      optional:false,
      endNodes,
      terminatorNodes,
      sequence,
      beginSequenceAtStart:true
    }
) YIELD path
```

</td></tr>
</table>

apoc.path.expandConfig 参数说明如表 3-8 所示。

表 3-8 apoc.path.expandConfig 参数说明

参数名	类型	默认值	可为空?	说明
startNode	LONG - 节点 id，或者节点列表	无	否	遍历的起始节点
{configuration}	配置选项列表	NULL	是	具体配置项参见本表下面各行的说明
minLevel	INTERGER	0	是	最小遍历层次数
maxLevel	INTEGER	-1	是	最大遍历层次数。-1 表示不限制，直到不再有可遍历的路径为止
relationshipFilter	字符串	NULL	是	关系过滤器规则，参见 3.2.2 节
labelFilter	字符串	NULL	是	标签过滤器规则，参见 3.2.1 节
bfs	布尔值	false	是	true – 宽度优先遍历；false – 深度优先遍历
uniqueness	字符串	NULL	是	唯一性规则，参见 3.2.4 节
filterStartNode	布尔值	false	是	是否对起始节点应用过滤规则
limit	正整数	-1	是	返回路径的数目上限

（续表）

参数名	类型	默认值	可为空?	说明
optional	布尔值	false	是	true – 如果没有找到复合条件的路径，返回 NULL 值的序列； false – 如果没有找到复合条件的路径，则不返回
endNodes	节点列表	NULL	是	遍历终止节点列表
terminatorNodes	节点列表	NULL	是	终止节点列表，参见 3.2.1 节
sequence	字符串	NULL	是	节点和标签过滤规则序列，参见 3.2.3 节。指定 sequence 规则后 labelFilter 和 relationshipFilter 的内容会被忽略
beginSequenceAtStart	布尔值	true	是	是否从起始节点开始应用 sequence 中定义的规则

3.4.4　示例 – apoc.path.expandConfig

```cypher
// 3.4(1) 调用可配置的路径扩展过程，寻找三国时期有谁自己没当皇帝，
//        但他的儿子当了皇帝的。
// 参数： - startNode:代表"朝代"的节点
//       - sequence: '朝代,<建立,皇帝,父子,-皇帝|人物'
//       - maxLevel: -1，遍历直到返回能够到达的所有路径
// 返回结果：曹操，司马昭
MATCH (n:朝代)
WITH n
CALL apoc.path.expandConfig(n,
    { maxLevel: -1,
      sequence: '朝代,<建立,皇帝,父子,-皇帝|人物'
    }
) YIELD path
RETURN path
```

```cypher
// 3.4(2) 调用可配置的路径扩展过程，寻找三国时期为各国效力的文臣。
//
// 参数： - startNode:代表"朝代"的节点
//        - relationshipFilter: '<建立|父子|主公>'
//      - labelFilter: '+人物|>文臣'
//        - maxLevel: -1，遍历直到返回能够到达的所有路径
// 返回结果：排除既是"文臣"又是"皇帝"的人物。
MATCH (n:朝代)
WITH n
CALL apoc.path.expandConfig(n,
    { maxLevel: -1,
      relationshipFilter: '<建立|父子|主公>',
      labelFilter: '+人物|>文臣'
    }
) YIELD path
WITH nodes(path) AS nodes
WHERE NOT '皇帝' IN labels(nodes[-1])
RETURN nodes[0].name AS kingdom, nodes[-1].name AS advisor
```

默认情况下，Cypher 查询按照深度优先顺序遍历图。可以通过指定配置选项中的 bfs:true 来使用宽度优先的顺序遍历图。深度优先搜索和宽/广度优先搜索示意图如图 3-4 所示。

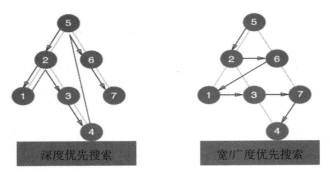

图 3-4　深度优先搜索和宽/广度优先搜索示意图

3.5　搜索子图

3.5.1　定义

搜索子图的过程使用与路径扩展类似的方法：从指定节点出发，沿着特定关系类型遍历，并返回能够到达的所有节点和关系。

APOC 提供两种搜索子图的过程：

- subgraphNodes()：仅返回可以到达的节点。
- subgraphAll()：返回节点和关系。

与路径扩展过程 expand 和 expandConfig 不同的是，上述两个过程不返回所有的路径。图 3-5 为在图中搜索致密子图的例子[1]。

图 3-5　搜索致密子图

---

[1]　http://cab.spbu.ru/software/dense_subgraph_finder/

3.5.2　应用

搜索子图的过程不会遍历所有可能的路径（即节点和边的所有可能序列），因此在执行效率和成本方面都优于路径扩展过程。适用的场景包括：

- 寻找节点的 k 最近邻（k-Nearest Neighbor，或 K 度邻居）。
- 判断节点之间是否连通。
- 对图进行划分子图的操作（参见 11.3 节和 11.4 节关于连通分量的介绍）。

3.5.3　过程概述 – apoc.path.subgraphNodes

3.5.4　过程调用接口 – apoc.path.subgraphNodes

subgraphNodes() 和 subgraphAll() 的调用接口完全一样，唯一的区别是返回结果不一样：subgraphNodes() 返回节点列表，而 subgraphAll() 返回节点和关系列表。

```
CALL apoc.path.subgraphNodes(
  startNode <id>Node/list,
  { maxLevel,
    relationshipFilter,
    labelFilter,
    bfs:true,
    filterStartNode:true,
    limit:-1,
    optional:false,
    endNodes,
    terminatorNodes,
    sequence,
    beginSequenceAtStart:true
  }
) YIELD node
```

```
CALL apoc.path.subgraphAll(
   startNode <id>Node/list,
   { maxLevel,
     relationshipFilter,
     labelFilter,
     bfs:true,
     filterStartNode:true,
     limit:-1,
     optional:false,
     endNodes,
     terminatorNodes,
     sequence,
     beginSequenceAtStart:true
   }
) YIELD nodes,relationships
```

过程接口

apoc.path.subgraphNodes 参数说明如表 3-9 所示。

表 3-9　apoc.path.subgraphNodes 参数说明

参数名	类型	默认值	可为空？	说明
startNode	LONG - 节点 id，或者节点列表	无	否	遍历的起始节点
{configuration}	配置选项列表	NULL	是	具体配置项参见本表下面各行的说明
maxDepth	INTEGER	-1	是	最大遍历层次数。-1 表示不限制，即直到不再有可遍历的路径为止
relationshipFilter	字符串	NULL	是	关系过滤器规则，参见 3.2.2 节
labelFilter	字符串	NULL	是	标签过滤器规则，参见 3.2.1 节
bfs	布尔值	false	是	true – 宽度优先遍历；false – 深度优先遍历
filterStartNode	布尔值	false	是	是否对起始节点应用过滤规则
limit	正整数	-1	是	返回路径的数目上限
optional	布尔值	false	是	true – 如果没有找到复合条件的路径，返回 NULL 值的序列；false – 如果没有找到复合条件的路径，则不返回
endNodes	节点列表	NULL	是	遍历终止节点列表
terminatorNodes	节点列表	NULL	是	终止节点列表，参见 3.2.1 节
sequence	字符串	NULL	是	节点和标签过滤规则序列，参见 3.2.3 节。指定 sequence 规则后 labelFilter 和 relationshipFilter 的内容会被忽略
beginSequenceAtStart	布尔值	true	是	是否从起始节点开始应用 sequence 中定义的规则

| 重要技巧 | apoc.path.subgraphNodes()和 apoc.path.subgraphAll()过程中默认使用 NODE_GLOBAL 作为唯一性判断规则，因此所有节点只会访问一次。 |

3.5.5　示例 – apoc.path.subgraphNodes

```
// 3.5(1) 搜索子图，从"蜀汉"节点出发寻找2最近邻。
//   参数: - startNode:代表"蜀汉"的节点
//         - relationshipFilter: NULL
//         - labelFilter: NULL
//         - maxLevel: 2，遍历直到返回能够到达的所有的节点
// 返回结果：10个节点
MATCH (n:朝代{name:'蜀汉'})
CALL apoc.path.subgraphNodes(n,
    { relationshipFilter: NULL,
      labelFilter: NULL,
      maxLevel: 2})
YIELD node
RETURN node
```

```
// 3.5(2) 搜索子图，从"蜀汉"节点出发寻找2最近邻。
//   参数: - startNode:代表"蜀汉"的节点
//         - relationshipFilter: NULL
//         - labelFilter: NULL
//         - maxLevel: 2，遍历直到返回能够到达的所有的节点和关系
// 返回结果：10个节点、12个关系，提取关系的开始和结束节点
MATCH (n:朝代{name:'蜀汉'})
CALL apoc.path.subgraphAll(n,
    { relationshipFilter: NULL,
      labelFilter: NULL,
      maxLevel: 2})
YIELD nodes, relationships
UNWIND relationships AS r
RETURN startNode(r).name AS fromNode,
       endNode(r).name AS toNode,
       type(r) AS relType
```

| 重要技巧 | 搜索图中某节点的 k 最近邻，也可以用下面的 Cypher:
　　MATCH (n:Node) -[*..k]- () RETURN nodes(path)
Cypher 会返回所有长度小于等于 k 的路径，在图中存在环、繁忙节点或者节点之间存在多个关系时，这会是一个非常消耗资源的操作，因为需要计算大量重复节点和关系构成的路径。
而 apoc.path.subgraphNodes()则可以更高效地返回 k 最近邻。 |

3.6   搜索最小生成树

apoc.path.spanningTree()过程搜索包含给定起始节点的最小生成树。建议使用 ALGO 扩展包中的 algo.spanningTree.*过程，具体参见 10.8 节。

第 4 章
◄ 查询任务管理 ►

查询任务管理提供相关过程帮助将复杂查询任务分解成较小的批次迭代执行，从而减少事务处理的开销以提高内存使用效率。

4.1 查询任务管理概述

APOC 扩展包中的查询任务管理提供相关的过程，以帮助将复杂查询任务分解成较小的批次迭代执行，从而减少事务处理的开销以提高内存使用效率。

Cypher 的 LOAD CSV 语句允许通过 USING PERIODIC COMMIT 指定批次大小，以减小更新事务的规模，从而提高性能并降低对内存的需求——主要是 Java 堆内存（Heap Memory）。对于其他 Cypher 语句，例如 CREATE、MERGE 等更新数据库的操作，可以在 APOC 的任务管理相关过程中执行以达到同样的效果。

通过 APOC 任务管理提交的批处理任务在后台以异步线程方式运行，默认情况下线程池的大小 = 处理器内核数 x2，可以通过以下设置修改线程池的大小：

| neo4j.conf | `apoc.jobs.pool.num_threads=10` |

计划任务依赖调度执行器来执行。调度执行器的线程池默认大小 = 处理器内核数/4（至少为 1）。可以使用以下属性配置池大小：

| neo4j.conf | `apoc.jobs.scheduled.num_threads=10` |

APOC 提供下面表 4-1 所示的任务管理过程，它们均包含在 apoc.periodic.*子库中。

表 4-1　APOC 提供的任务管理过程

过程名	接口	功能
apoc.periodic.commit	CALL apoc.periodic.commit(　　statement, 　　params) YIELD updates, executions, runtime, batches, failedBatches, batchErrors, failedCommits, commitErrors	循环执行给定查询，直到查询返回的计数为 0

过程名	接口	功能

apoc.periodic.iterate	CALL apoc.periodic.iterate(
	    statement,
	    itemStatement,
	    {
	      batchSize:1000,
	      iterateList:true,
	      parallel:false,
	      params:{},
	      concurrency:50,
	      retries:0
	    }
	) YIELD batches, total
		执行 statement，然后将其返回的每个项依次传递给 itemStatement 后执行该查询，直到所有项都处理过

apoc.periodic.list	CALL apoc.periodic.list()	列出所有在后台运行的查询任务

apoc.periodic.submit	CALL apoc.periodic.submit(
	    name,
	    statement
	)
		提交查询，并在后台/异步运行

apoc.custom.asFunction	CALL apoc.custom.asFunction(
	    name,
	    statement,
	    mode,
	    outputs,
	    inputs,
	    forceSingle,
	    description
	)
		创建自定义 Cypher 功能函数

apoc.custom.asProcedure	CALL apoc.custom.asProcedure(
	    name,
	    statement,
	    mode,
	    outputs,
	    inputs,
	    description
	)
		创建自定义 Cypher 过程

APOC 也提供更加灵活、强大的运行 Cypher 查询的过程，如表 4-2 所示。

表 4-2　Cypher 查询过程

过程/函数名	接口	功能

apoc.cypher.run	CALL apoc.cypher.run(
	    fragment,
	    params
	)
	YIELD value
		使用给定的参数执行数据库读取查询

过程/函数名	接口	功能
apoc.cypher. runFirstColumnSingle	apoc.cypher.runFirstColumnSingle (statement, params) YIELD value	使用给定的参数执行数据库读取查询并仅返回第一列，将返回第一行/单行或返回 null
apoc.cypher. runFirstColumnMany	apoc.cypher.runFirstColumnMany (statement, params) YIELD value	使用给定的参数执行数据库读取查询并仅返回第一列，将返回包含所有行的列表
apoc.cypher.runFile	CALL apoc.cypher.runFile(　　file or url, 　　{config}) YIELD row, result	运行文件中的每个语句，语句以分号隔开。本过程不支持数据库模式操作，例如创建索引、限制等
apoc.cypher. runFiles	CALL apoc.cypher.runFiles(　　[files or urls], 　　{config}) YIELD row, result	运行多个文件中的查询语句。本过程不支持数据库模式操作，例如创建索引、限制等
apoc.cypher. runSchemaFile	CALL apoc.cypher.runSchemaFile (file or url,{config})	运行文件中的每个数据库模式操作语句，所有语句以分号分开
apoc.cypher.runMany	CALL apoc.cypher.runMany(　　statements, 　　{params}, 　　{config})	运行每个分号分隔的语句并返回执行后的统计信息。不支持数据库模式操作
apoc.cypher. mapParallel	CALL apoc.cypher.mapParallel(　　fragment, 　　params, 　　list-to-parallelize) YIELD value	以并行批处理方式执行查询
apoc.cypher.doIt	CALL apoc.cypher.doIt(　　fragment, params) YIELD value	使用给定的参数执行数据库更新查询
apoc.cypher. runTimeboxed	CALL apoc.cypher.runTimeboxed(　　statement, 　　{params}, 　　timeout)	以预定义时间窗口运行 Cypher 查询，如果超时仍没有完成则中止语句
apoc.when	CALL apoc.when(　　condition, 　　ifQuery, 　　elseQuery: ", 　　params: {}) YIELD value	基于条件，根据给定参数执行 ifQuery 或 elseQuery。查询必须是只读操作

（续表）

过程/函数名	接口	功能

apoc.do.when	CALL apoc.do.when(
	  condition,
	  ifQuery,
	  elseQuery：'',
	  params：{}
	) YIELD value
		基于条件，执行使用给定参数编写 ifQuery 或 elseQuery。查询可以是更新操作

apoc.case	CALL apoc.case(
	  [condition,query,
	   condition,query, ...],
	  elseQuery：'',
	  params：{}
	) YIELD value
		给定条件/只读查询对的列表，执行与条件相匹配的查询，使用给定参数进行初始化。如果没有匹配的查询，则执行 elseQuery

apoc.do.case	CALL apoc.do.case(
	  [condition,query,
	   condition,query,...],
	  elseQuery：'',
	  params：{}
	) YIELD value
		给定条件/更新查询对的列表，执行与条件相匹配的查询，使用给定参数进行初始化。如果没有匹配的查询，则执行 elseQuery

4.2 按照条件循环执行 – commit

4.2.1 定义

commit()执行过程包含两个子操作（见图 4-1）：

- 第一个是查询操作，返回指定最大数量的、符合条件的对象。
- 第二个是更新操作，对第一个查询中返回的每个对象进行相应的更新操作。第二个操作通常在不同的事务中执行。

上面的两个步骤重复执行，直到第一个查询操作返回空的结果集合。

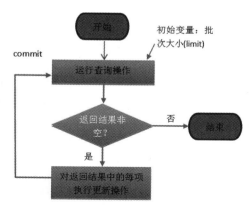

图 4-1　commit 的执行过程

　　为了控制每个事务的大小，commit() 过程要求必须有一个 limit 参数，用来指定查询操作返回的对象的数目。

4.2.2　应用

　　commit()过程适用于对数据库进行大规模的更新操作，通过限制每次处理的对象数量来减小事务规模以及相应的系统资源消耗。

　　使用该过程事先可以不需要知道待更新的数据库对象的数量，而只需要设置什么时候更新操作结束。例如，可以在所有节点都有了一个新属性 score 后结束运行。

4.2.3　过程概述 – apoc.periodic.commit

4.2.4　过程调用接口 – apoc.periodic.commit

```
CALL apoc.periodic.commit(
    statement,
  params
)
YIELD updates, executions, runtime, batches, failedBatches, batchErrors,
failedCommits, commitErrors
```

　　apoc.periodic.commit 过程参数说明如表 4-3 所示。

表 4-3　apoc.periodic.commit 过程参数

参数名	类型	默认值	可为空？	说明
statement	字符串	无	否	迭代执行的 Cypher 查询，需要返回一个非负的整数
params	映射（Map）	无	否	statement 中需要的参数，其中 limit 参数是必须的

4.2.5　示例 – apoc.periodic.commit

　　以下的例子每次从数据库中搜索 10 个"人物"节点（由 limit 参数决定），判断节点是否包含 genre 属性，如果没有，则创建该属性并为其赋值；并在最后由 count(*)返回实际更新的节点数量。当 count(*)返回 0 时，整个过程结束。

```cypher
// 4.2(1) 迭代执行数据库更新查询，直到所有节点都处理完成。
// 参数：- statement:执行的查询
//      - params: {limit:10}
// 返回结果：任务执行用时和批次

CALL  apoc.periodic.commit(
    "MATCH (n:人物) WHERE NOT exists(n.genre) WITH n LIMIT $limit SET
n.genre='男' RETURN count(*)",
    {limit:10}
)
```

重要技巧

当前版本的 Cypher 支持使用{param}或$param 两种方式表示对查询参数的引用。到 Neo4j 4.0 之后，将仅保留$param 的格式。

4.3 按照集合内容循环执行 – iterate

4.3.1 定义

iterate()执行步骤包含 2 个子查询（见图 4-2）：

● 第一个查询返回要处理的对象集合，也称为外查询。
● 第二个查询将要处理的对象根据指定批次规模、分成若干批次进行处理。也称为内查询。

配置参数 iterateList 为 true 时，会将第一个查询中返回的对象作为一个事务来提交；反之则将每一个对象作为一个事务提交。

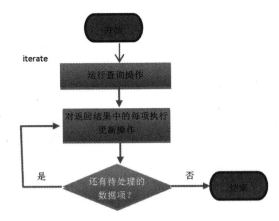

图 4-2 iterate 的执行步骤

4.3.2 应用

iterate()提供比 commit()过程更丰富的执行控制选项，可以用来并行更新大量的数据库对象。通过设置批次大小，控制事务的规模，减少对系统资源的要求。

4.3.3 过程概述 – apoc.periodic.iterate

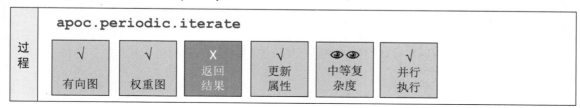

4.3.4 过程调用接口 – apoc.periodic.iterate

```
CALL apoc.periodic.iterate(
    statement1,
    statement2,
    { batchSize:1000,
      iterateList:true,
      parallel:false,
      params:{},
      concurrency:50,
      retries:0
    }
) YIELD batches, total
```

apoc.periodic.iterate 过程参数说明如表 4-4 所示。

表 4-4　apoc.periodic.iterate 过程参数

参数名	类型	默认值	可为空？	说明
statement1	字符串	无	否	Cypher 查询，返回要更新的对象列表，又称为"外查询"
statement2	字符串	无	否	Cypher 查询，针对 statement1 中返回的对象进行的更新操作，又称为"内查询"
{configurations}	映射（Map）	有	是	具体配置选项参见本表下面各行的说明
batchSize	正整数	1000	是	批次大小，即每个事务包含多少次 statement2 的执行
concurrency	正整数	50	是	当 parallel 为 true 时，定义并行执行的任务数
failedParams	整数	-1	是	如果是大于 0 的整数，那么该值设置最多返回的失败任务的数目。-1 表示返回所有失败的任务
iterateList	布尔值	false	是	为 true 时，会将第一个查询中返回的对象包含在一个事务中提交；反之则将每一个对象作为一个事务提交。推荐始终使用 true
params	映射（Map）	{}	是	传递给内部查询 statement2 的参数
parallel	布尔值	false	是	是否并行执行 statement2 的更新操作
retries	正整数	0	是	statement2 执行失败后（例如出现死锁），进程休眠 100 毫秒，然后进行重试的次数

4.3.5 示例 – apoc.periodic.iterate

```
// 4.3(1) 迭代执行数据库更新查询，创建人物之间新关系。
// 参数： - statement1：返回所有人物节点到变量 n
//        - statement2：搜索2度 "父子" 关系、并建立新的 "爷孙" 关系
//        - configuration：批次大小10，并行执行，并发数4
// 返回结果：任务执行用时和批次信息

CALL apoc.periodic.iterate(
   "MATCH (n:人物) RETURN n",
   "MATCH (n)-[:父子*2]->(m) MERGE (n) -[:爷孙]-> (m)",
   { batchSize:10,
     parallel:true,
     iterateList:true,
     concurrency:4
   }
)
```

重要技巧	建议始终设置 iterateList:true，因为这样使得一个批次中所有内查询（由 batchSize 决定）会作为一个事务被提交，从而提高运行效率。

小心使用	仅当数据库是存储在 SSD（固态硬盘）时才使用 parallel:true 选项，因为 SSD 具有更好的随机读写速率。如果是物理硬盘则**不要**使用并行选项，因为这反而会降低整体执行效率。

重要技巧	并发数 concurrency 通常设置成分配给数据库服务运行的 CPU 内核数的整数倍。例如，如果 Neo4j 服务器运行在 8 个 CPU 内核的虚拟或物理主机上，那么 concurrency 可以是 8、16、24 等值。

小心使用	并发执行时，如果不同线程需要对同一数据库对象（节点或关系）进行更新，先执行的线程会对待更新的数据库对象加锁（Locking），这时其他线程的更新会被阻塞；阻塞超时后（可能是连接超时、会话超时、事务超时、锁获取超时），会报告 "锁获取失败" 或者 Java NullPointerException 空指针错误。 一种解决方法是设置重试次数 retries，每次重试会等待 100 毫秒。 如果还是出现死锁，则建议不使用并行执行。

4.4　异步执行 Cypher 查询 – submit

4.4.1　定义

对于复杂的更新数据库的 Cypher 查询，可以使用 APOC 的 submit() 过程**异步**执行该查询。APOC 还提供下面的过程管理异步/后台执行的任务：

- apoc.periodic.list()：列出所有正在后台执行的任务。
- apoc.periodic.cancel(taskName)：终止后台任务。

管理正在运行的查询是 Neo4j 企业版才有的功能。因为 APOC 可以同时运行在 Neo4j 社区版和企业版上，使用上述 APOC 异步执行过程使得社区版同样拥有部分管理后台查询的能力。

4.4.2　应用

以异步方式运行复杂查询。

4.4.3　过程概述

过程	```apoc.periodic.submit(taskName, statement)```
	
	```apoc.periodic.list()```
	
	```apoc.periodic.cancel(taskName)```

apoc.periodic.submit 过程参数说明如表 4-5 所示。

表 4-5　apoc.periodic.submit 过程参数

参数名	类型	默认值	可为空？	说明
taskName	字符串	无	否	给查询任务赋予的名称
statement	字符串	无	否	Cypher 查询。可以是查询或者更新操作

4.4.4　示例

```
// 4.4(1) 后台/异步执行复杂查询，计算1亿次加法。
// 参数：- taskName："Large query"
//      - statement：计算1亿次加法

CALL apoc.periodic.submit('Large query',
   'UNWIND range(1,10000) AS a1 UNWIND range(1,10000) AS a2 WITH a1+a2 AS
a RETURN sum(a)'
)
```

```
// 4.4(2) 查询后台/异步执行的查询任务的状态。
// 参数：无。

CALL apoc.periodic.list()
YIELD name, delay, rate, done, cancelled
WITH name, done
WHERE name = 'Large query'
RETURN *

// 4.4(3) 终止后台/异步执行的查询任务。
// 参数： - taskName： "Large query"

CALL apoc.periodic.cancel('Large query')
```

4.5 自定义 Cypher 函数和过程

4.5.1 定义

APOC 提供相关过程来创建用户自定义的函数和过程。这些函数和过程实际上是参数化的 Cypher 语言查询，类似宏（Macro）的概念。相关过程如下：

- apoc.custom.asFunction()，创建用户自定义函数。
- apoc.custom.asProcedure()，创建用户自定义过程。

用户自定义函数和过程可以通过 CALL dbms.functions 和 CALL dbms.procedures 查看，所有自定义函数和过程自动被加上 custom 为前缀，例如 custom.MyProcedure。

4.5.2 应用

使用自定义函数和过程封装复杂、常用的 Cypher 查询，以降低查询语句的复杂度并提高重用度。

4.5.3 过程调用接口

<table>
<tr><td rowspan="10">过程接口</td><td>

```
CALL apoc.custom.asFunction(
    name,
    statement,
    mode,
    outputs,
    inputs,
    forceSingle,
    description
)
```

</td></tr>
</table>

| 过程接口 | ```
CALL apoc.custom.asProcedure(
    name,
    statement,
    mode,
    outputs,
    inputs,
    description
)
``` |
|---|---|

apoc.custom.asFunction 过程参数如表 4-6 所示。

表 4-6　apoc.custom.asFunction 过程参数

参数名	类型	默认值	可为空?	说明
name	字符串	无	否	过程或函数名
statement	字符串	无	否	过程或函数包含的 Cypher 查询
mode	字符串	'read'	是	查询执行模式，取值'read'或'write'

outputs	名称-类型对的数组	无	是	输出字段及其类型，格式如下：
				`[ ['item1','type1'],`
				`  ['item2','type2'],`
				`  …`
				`]`
				合法的类型值参见下面的表格

inputs	名称-类型对的数组	无	是	输入参数及其类型，格式如下：
				`[ ['param1','type1'],`
				`  ['param2','type2'],`
				`  …`
				`]`
				合法的类型值参见下面的表格

description	字符串	无	是	函数/过程的描述内容

inputs 和 outputs 中允许使用的类型值包括：

- FLOAT, DOUBLE, INT, INTEGER, NUMBER, LONG
- TEXT, STRING
- BOOL, BOOLEAN
- POINT, GEO, GEOCORDINATE
- DATE, DATETIME, LOCALDATETIME, TIME, LOCALTIME, DURATION
- NODE, REL, RELATIONSHIP, PATH
- MAP
- LIST TYPE, LIST OF TYPE
- ANY
```

4.5.4 示例

```cypher
// 4.5(1) 创建用户自定义过程：搜索祖孙关系。
// 参数：- 过程名：findGrandParents
//      - statement: 搜索2度"父子"关系
//      - mode: READ / 只读
//      - 输出结果：grandparent/节点, grandson/节点
//      - 输入参数：name/人物姓名

CALL apoc.custom.asProcedure(
  'findGrandParents',
  'MATCH (n) <-[父子*2]- (m:人物{name:$name}) RETURN n AS grandParent, m
AS grandSon',
  'read',
  [['grandParent','NODE'],['grandSon','NODE']],
  [['name','STRING']]
)

// 4.5(2) 调用用户自定义过程：搜索司马炎的祖孙关系。
CALL custom.findGrandParents('司马炎')
YIELD grandParent, grandson
RETURN *
```

每次调用 apoc.custom.asFunction 或者 asProcedure 都会覆盖有相同过程名或函数名的相关定义。建议在每次这样做后调用 dbms.clearQueryCaches()过程刷新缓存，因为之前的过程和函数定义已经编译并保存在查询缓存中，调用该过程可以要求数据库更新缓存以加载更新的定义。

重要技巧

使用自定义 Cypher 函数和过程无法得到查询执行计划的细节，也就是说使用 EXPLAIN 和 PROFILE 命令无法看到实际的执行步骤和成本。因此在创建自定义函数和过程前，建议对封装的 Cypher 查询分析执行计划和进行性能调优。

小心使用

在因果集群中，用户自定义函数和过程会立即同步到集群中的其他成员。可以通过下面的过程来设置检验更新的时间间隔（例如改成 10 秒）：
`CALL apoc.custom.procedures.refresh(10000)`

重要技巧

4.6 Cypher 执行过程

4.6.1 定义

APOC 提供以下过程来运行动态 Cypher 或者控制单个 Cypher 运行的方式，如表 4-7 所示。

表 4-7　Cypher 执行过程

接口	功能
CALL apoc.cypher.run(　　fragment, 　　params) YIELD value	使用给定的参数执行数据库<u>读取</u>查询
函数 apoc.cypher.runFirstColumnSingle (statement, params)	使用给定的参数执行数据库读取查询并仅返回第一列, 将返回第一行/单行或返回 null
函数 apoc.cypher.runFirstColumnMany (statement, params)	使用给定的参数执行数据库读取查询并仅返回第一列, 将返回包含所有行的列表
CALL apoc.cypher.runFile(　　file or url, 　　{config}) YIELD row, result	运行文件中的每个语句,语句以分号隔开。目前不支持 数据库模式操作
CALL apoc.cypher.runFiles(　　[files or urls], 　　{config}) YIELD row, result	运行多个文件中的查询语句
CALL apoc.cypher.runSchemaFile(　　file or url, 　　{config})	运行文件中的每个数据库模式操作语句,所有语句以分 号分开
CALL apoc.cypher.runMany('statements1;...', 　　{params}, 　　{config})	运行每个分号分隔的语句并返回摘要。该过程不支持数 据库模式操作
CALL apoc.cypher.mapParallel(　　fragment, 　　params, 　　list-to-parallelize) YIELD value	以并行批处理方式执行查询
CALL apoc.cypher.doIt(　　fragment, 　　params) YIELD value	使用给定的参数执行数据库更新查询
CALL apoc.cypher.runTimeboxed(　　'cypherStatement', 　　{params}, 　　timeout)	以预定义时间窗口运行 Cypher 查询,如果超时仍没有完 成则中止语句

重要技巧

使用 Cypher 创建节点和关系时,节点标签、关系类型名和属性名必须指定、而不能是变量或值。可以使用例如 apoc.cypher.run 等过程根据数据内容动态生成 Cypher 查询中的标签、关系和属性名。这在导入 CSV 内容时会很有用。

4.6.2　应用

apoc.cypher.run()允许动态生成并执行 Cypher 只读查询，其中的标签名、关系类型和属性名称可以从数据或变量中得到。apoc.cypher.doIt()则是动态生成和执行更新操作。

apoc.cypher.runFile()和 apoc.cypher.runFiles()可以执行文件中的多个 Cypher 查询。

apoc.cypher.runSchemaFile()可以执行文件中多个模式操作，例如批量创建索引和限制。

apoc.cypher.runTimeboxed()可以限定单个查询的执行时间，并在超时后强制终止执行。

4.6.3　过程调用接口 – apoc.cypher.run

<table>
<tr><td rowspan="5">过
程
接
口</td><td>CALL apoc.cypher.run(</td></tr>
<tr><td>　　fragment,</td></tr>
<tr><td>　　params</td></tr>
<tr><td>) YIELD value</td></tr>
</table>

apoc.cypher.run 过程参数如表 4-8 所示。

表 4-8　apoc.cypher.run 过程参数

参数名	类型	默认值	可为空？	说明
fragment	字符串	无	否	Cypher 查询表达式
params	映射（Map）	{}	是	查询参数

4.6.4　示例 – apoc.cypher.run

```
// 4.6(1) 读取数据库中所有标签的名称，统计该类标签下节点总数，
//          返回所有节点数 >0的标签及统计结果。
// 参数：- fragment: 动态 Cypher 查询
//        - params: {limit:0}
//    返回：节点计数
CALL db.labels() YIELD label
CALL apoc.cypher.run(
  "MATCH (:`" + label + "`) WITH count(*) AS count WHERE count > $limit
RETURN count",
  {limit:0}) YIELD value
RETURN label, value.count AS count
```

4.6.5　过程调用接口 – apoc.cypher.runTimeboxed

<table>
<tr><td rowspan="6">过
程
接
口</td><td>CALL apoc.cypher.runTimeboxed(</td></tr>
<tr><td>　　fragment,</td></tr>
<tr><td>　　params,</td></tr>
<tr><td>　　timeout,</td></tr>
<tr><td>　　sendStatusAndError</td></tr>
<tr><td>) YIELD value</td></tr>
</table>

apoc.cypher.runTimeboxed 过程参数如表 4-9 所示。

表 4-9　apoc.cypher.runTimeboxed 过程参数

参数名	类型	默认值	可为空？	说明
fragment	字符串	无	否	Cypher 查询表达式
params	映射（Map）	{}	是	查询参数
timeout	正整数	0	是	查询执行的超时设置。为 0 表示执行直到结束
sendStatusAndError	布尔值	false	是	是否返回状态信息。为 true 将返回包含下面值的 MAP： - error：错误信息 - status：状态。取值如下： 　- ERROR：Cypher 语法错误 　- COMPLETE：Cypher 执行完成 　- TERMINATED：Cypher 执行超时

4.6.6　示例 – apoc.cypher.runTimeboxed

```cypher
// 4.6(2) 限定超时执行查询。
//        计算1亿次加法，超时3秒则终止执行。如果在3秒中执行完成，
//        结果在 value 变量中返回。
// 参数：- fragment: Cypher 查询
//       - params: {}
//       - timeout: 3000ms
// 返回：节点计数
CALL apoc.cypher.runTimeboxed(
  'UNWIND range(1,10000) AS a1 UNWIND range(1,10000) AS a2 WITH a1+a2 AS a
RETURN sum(a) AS sum',
  {}, 3000, true
) YIELD value
RETURN value
```

重要技巧

当查询超时后，runTimeboxed()过程直接终止查询的执行，并返回内容为空的值和状态码。样例如下：

```
{
    "error": null,
    "status": "TERMINATED"
}
```

通过检查状态码，可以知道查询是否正常结束（例如没有找到匹配的结果）还是出现异常（Cypher 语句有错误或者超时）。因为查询可能返回空的结果，状态码能够告诉我们执行的实际情况。

重要技巧	可以在数据库启动时指定全局的事务超时设置。方法是在 neo4j.conf 中增加：
	`dbms.transaction.timeout=10s`
	默认值是 0，表示没有超时。时间的单位可以是 ms、s、m 和 h。
	该配置选项是"动态设置"（Dynamic Setting）[1]，可以通过下面的 Cypher 命令更新而无需重新启动数据库服务：
	`CALL dbms.setConfigValue("dbms.transaction.timeout","100s")`

4.6.7　过程调用接口 – apoc.cypher.doIt

过程接口	```
	CALL apoc.cypher.doIt(
	    fragment,
	    params
	) YIELD value
	``

apoc.cypher.doIt 过程参数如表 4-10 所示。

表 4-10　apoc.cypher.doIt 过程参数

参数名	类型	默认值	可为空？	说明
fragment	字符串	无	否	Cypher 查询表达式
params	映射（Map）	{}	是	查询参数

4.6.8　示例 – apoc.cypher.doIt

```
// 4.6(3a) 复制数据库中所有节点，仅包含 name 属性。
//         使用 apoc.periodic.iterate 过程控制执行批次。
//         在 iterate 的操作查询中使用 apoc.cypher.doIt 来创建节点。
//         新节点的标签来于已存在的节点的第一个标签。
//      返回：创建的节点
CALL apoc.periodic.iterate(
  'MATCH (n) RETURN n',
  "CALL apoc.cypher.doIt(\"CREATE (m:\"+ labels(n)[0] + \") SET
m.name='\" + n.name + \"'\ RETURN m",{}) YIELD value RETURN value.m",
  {batchSize:10}
)
```

上例中，apoc.periodic.iterate()过程的第一个参数是 Cypher 查询，它返回所有节点到变量 n；第二个参数是创建节点的操作，而且节点的标签来自于第一个查询的结果中节点的标签，因此使用 apoc.cypher.doIt 来执行合成的 Cypher 更新语句。这部分的 Cypher 更新如果单独执行，应该与下面内容等价：

---

[1] https://neo4j.com/docs/operations-manual/current/configuration/dynamic-settings/

```
// 4.6(3b) 复制数据库中所有节点，使用 Cypher。

MATCH (n) WITH n
CALL apoc.cypher.doIt(
  "CREATE (m:" + labels(n)[0] + ") SET m.name='" + n.name + "' RETURN m",
  {}
)
YIELD value RETURN value.m
```

如果 n 是代表"刘备"的节点而且其第一个标签是'人物'（labels(n)[0]），那么 doIt()过程
实际执行的更新操作就是：

```
// 4.6(3c) 创建节点。

CREATE (m:人物) SET m.name='刘备' RETURN m
```

当待复制的节点数量较大时，使用关于 apoc.periodic.iterate()过程，而不是直接用 Cypher
的好处是可以控制事务规模。关于 iterate()过程的用法请参见 4.3 节。

4.6.9　过程调用接口 – apoc.cypher.runFiles

```
// 运行多个 Cypher 文件，执行查询操作。
// 文件可以使用 apoc.export.cypher 过程生成。

CALL apoc.cypher.runFiles(
    file,
    {config}
) YIELD row, result
```

apoc.cypher.runFiles 过程参数如表 4-11 所示。

表 4-11　apoc.cypher.runFiles 过程参数

参数名	类型	默认值	可为空？	说明
file	字符串	无	否	文件名，可以是本地文件，也可以是 URL。多个文件名之间用分号（;）分隔
{config}	映射（Map）	{}	是	配置参数，参见下面的说明
statistics	布尔值	true	是	运行完成后是否返回统计信息
timeout	整数	10	是	在文件之间的等待时间

4.6.10　过程调用接口 – apoc.cypher.runSchemaFiles

过程接口	```
	// 运行多个 Cypher 文件，执行数据库模式操作。
	// 文件可以使用 apoc.export.cypher 过程生成。
	
	CALL apoc.cypher.runSchemaFiles(
	    file,
	    {config}
	) YIELD row, result
	``

apoc.cypher.runSchemaFiles 过程参数如表 4-12 所示。

表 4-12　apoc.cypher.runSchemaFiles 过程参数

参数名	类型	默认值	可为空？	说明
file	字符串	无	否	文件名，可以是本地文件，也可以是 URL。多个文件名之间用分号（;）分隔
{config}	映射（Map）	{}	是	配置参数，参见下面的说明
statistics	布尔值	true	是	运行完成后是否返回统计信息

4.6.11　过程调用接口 – apoc.cypher.parallel

过程接口	```
	// 并行初始化并执行查询。
	// 默认情况下，最大分区数/并行数为 CPU 内核数 x 100;
	// 最多批次数为10000。例如，如果 Neo4j 数据库被分配了4个内核，
	// 那么并行的最多进程数为400。
	
	CALL apoc.cypher.parallel(
	    fragment,
	    params,
	    parallelizeOn
	) YIELD value
	``

apoc.cypher.parallel 过程参数如表 4-13 所示。

表 4-13　apoc.cypher.parallel 过程参数

参数名	类型	默认值	可为空？	说明
fragment	字符串	无	否	Cypher 查询
params	映射（Map）	NULL	是	查询参数
parallelizeOn	字符串	NULL	是	在 params 为空时可以为 NULL 不为空时，该参数的值是 fragment 查询语句中用来并行执行且类型为数组的变量名

4.6.12　示例 – apoc.cypher.parallel

```
// 4.6(4) 对查询中类型为数组的变量，并行取出其中元素、初始化和执行查询。
//        fragment 查询中，变量 a 的类型是数组，包含3个元素。
//
//                    返回：{"b":8}, {"b":9}, {"b":10}。
CALL apoc.cypher.parallel(
  'RETURN $a + 7 as b',{a:[1,2,3]},'a'
)
YIELD value
RETURN value
```

4.6.13　过程调用接口 – apoc.cypher.mapParallel

```
// 并行初始化并执行 Cypher 查询，返回 MAP 结构的结果。
CALL apoc.cypher.mapParallel(
  fragment,
  params,
  list-to-parallelize
) YIELD value
```

apoc.cypher.mapParallel 过程参数如表 4-14 所示。

表 4-14　apoc.cypher.mapParallel 过程参数

参数名	类型	默认值	可为空？	说明
fragment	字符串	无	否	Cypher 查询
params	映射（Map）	NULL	是	查询参数
list-to-parallelize	数组	NULL	是	该参数的值是数组，其元素用来控制并行执行

4.6.14　示例 – apoc.cypher.mapParallel

```
// 4.6(5) 根据参数数组中的元素，并行执行查询。
//        fragment 查询中，根据 size 参数的值生成 size 个元素的数组。
//        range(1,3)使得查询可以执行3次。
//
//        返回：{"b":0},{"b":1},{"b":2},{"b":3},
//             {"b":0},{"b":1},{"b":2},{"b":3},
//             {"b":0},{"b":1},{"b":2},{"b":3}
CALL apoc.cypher.mapParallel(
  'UNWIND range(0,$size) as b RETURN b',
  {size:3},range(1,3)
)
YIELD value
RETURN value
```

4.7 Cypher 执行的条件分支

4.7.1 定义

APOC 提供以下过程来运行有条件分支的 Cypher 语句，如表 4-15 所示。

表 4-15 运行有条件分支的 Cypher 语句的过程

接口	过程
CALL apoc.when(　condition, 　ifQuery, 　elseQuery: '', 　params: {}) YIELD value	基于条件，执行给定参数的 ifQuery 或 elseQuery 只读查询
CALL apoc.do.when(　condition, 　ifQuery, 　elseQuery: '', 　params: {}) YIELD value	基于条件，执行给定参数的 ifQuery 或 elseQuery 更新查询
CALL apoc.case(　[condition,query, 　　condition,query, ...], 　elseQuery: '', 　params: {}) YIELD value	给定条件-只读查询对的列表，在条件匹配后执行对应的查询；如果没有匹配的条件，则执行 elseQuery 对应的查询。支持对查询传递参数
CALL apoc.do.case(　[condition,query, 　　condition,query,...], 　elseQuery: '', 　params: {}) YIELD value	给定条件-更新查询对的列表，在条件匹配后执行对应的查询；如果没有匹配的条件，则执行 elseQuery 对应的查询。支持对查询传递参数

4.7.2 应用

这类 apoc 过程使得我们可以定义查询执行的条件分支。Cypher 的 CASE…WHEN 只能在赋值表达式中使用。

4.7.3 过程调用接口 – apoc.*.when

```
// 简单条件分支：IF..THEN..ELSE，只读查询。
//
CALL apoc.when(
  condition,
```

```
过
程
接
口
          ifQuery,
          elseQuery : '',
          params : {}
      ) YIELD value


      // 简单条件分支：IF..THEN..ELSE，更新操作。
      //
      CALL apoc.do.when(
          condition,
          ifQuery,
          elseQuery : '',
          params : {}
      ) YIELD value
```

apoc.*.when 过程参数如表 4-16 所示。

表 4-16　apoc.*.when 过程参数

参数名	类型	默认值	可为空？	说明
condition	布尔值	无	否	判断条件的结果。可以是表达式
ifQuery	字符串	''	是	condition 为 true 时执行的 Cypher 语句
elseQuery	字符串	''	是	condition 为 false 时执行的 Cypher 语句
params	映射（Map）	{}	是	查询的参数

4.7.4　示例 – apoc.when

```
C
Y
P
H
E
R
      // 4.7(1) 搜索"刘备"节点，并读取其 genre 属性。
      //        如果属性存在，返回其值；如果不存在，返回"男"。
      MATCH (n:人物{name:'刘备'})
      WITH exists(n.genre) AS flag, n.genre AS genre
      CALL apoc.when(flag,
        'RETURN $genre AS genre',
        'RETURN "男" AS genre',
        {genre:genre})
      YIELD value
      RETURN value
      // 4.7(2) 搜索"刘备"节点，并读取其 genre 属性。
      //        如果属性存在，返回其值；
      //        如果不存在，则创建该属性，并赋值"男"。
      MATCH (n:人物{name:'刘备'})
      WITH exists(n.genre) AS flag, n.genre AS genre, id(n) AS pid
      CALL apoc.do.when(flag,
        'RETURN $genre AS genre',
        'SET n.genre = "男" RETURN "男" AS genre',
        {genre:genre, pid:pid})
      YIELD value
      RETURN value
```

4.7.5　过程调用接口 – apoc.case

```
      // 复杂条件分支：CASE..WHEN,CASE..WHEN..,ELSE，只读查询。
      //
      CALL apoc.case(
        [condition,query,
```

<table>
<tr><td rowspan="2">过程接口</td><td>

```
    condition,query, ...],
  elseQuery: '',
  params: {}
) YIELD value
```
</td></tr>
<tr><td>

```
//复杂条件分支：CASE..WHEN,CASE..WHEN..,ELSE，更新操作。
//
CALL apoc.do.case(
  [condition,query,
   condition,query, ...],
  elseQuery: '',
  params: {}
) YIELD value
```
</td></tr>
</table>

apoc.case 过程参数如表 4-17 所示。

表 4-17　apoc.case 过程参数

参数名	类型	默认值	可为空？	说明
condition	布尔值	无	否	判断条件的结果
query	字符串	''	是	condition 为 true 时执行的 Cypher 语句
elseQuery	字符串	''	是	condition 为 false 时执行的 Cypher 语句
params	映射（Map）	{}	是	查询的参数

4.7.6　示例 – apoc.cypher.*case

```
// 4.7(3) 搜索"关羽"节点，并读取其 genre 属性。
//       如果属性为"男"，返回1；为"女"，返回0；其他返回-1。
//       这里，genre 属性必须存在，否则会报空指针错误。
MATCH MATCH (n:人物{name:'关羽'})
WITH n.genre AS genre
CALL apoc.case([genre='男', 'RETURN 1 AS genre',
               genre='女', 'RETURN 0 AS genre'
              ],
  'RETURN -1 AS genre', {})
YIELD value
RETURN value
// 4.7(4) 搜索"关羽"节点，并读取其 genre 属性。
//       如果属性为"男"，初始化属性 class 为1；
//       为"女"，初始化属性 class 为2；
//       其他，初始化 class 属性为-1。
//       这里，genre 属性必须存在，否则会报空指针错误。
MATCH MATCH (n:人物{name:'关羽'})
WITH n.genre AS genre,n
CALL apoc.do.case(
  [ genre='男',
    'WITH $node AS n SET n.class=1 RETURN n',
    genre='女',
    'WITH $node AS n SET n.class=2 RETURN n'
  ],
  'WITH $node AS n SET n.class="-1" RETURN n',
  {node:n}
)
YIELD value
RETURN value
```

第 5 章

◀ 数据导入和导出 ▶

可以使用 APOC 中丰富的过程来实现从各类数据源与 Neo4j 之间的导入和导出。

5.1 数据导入和导出概述

用于数据导入和导出的过程如表 5-1 所示。

表 5-1　用于数据导入和导出的过程

过程名	接口	功能
apoc.export.csv.all	CALL apoc.export.csv.all(　file, 　config)	导出整个数据库到 CSV 文件，包括索引和限制
apoc.export.csv.data	CALL apoc.export.csv.data(　nodes, 　rels, 　file, 　config)	将给定的节点和关系导出到 CSV 文件
apoc.export.csv.graph	CALL apoc.export.csv.graph(　graph, 　file, 　config)	将给定的 graph 对象的内容导出到 CSV 文件
apoc.export.csv.query	CALL apoc.export.csv.query(　query, 　file, 　config)	导出 Cypher 查询的结果到 CSV 文件
apoc.export.cypher.all	CALL apoc.export.cypher.all(　file, 　config)	导出整个数据库到 Cypher 脚本，包括索引和限制

（续表）

过程名	接口	功能
apoc.export.cypher.data	CALL apoc.export.cypher.data(　　nodes, 　　rels, 　　file, 　　config)	将给定的节点和关系，包含索引导出到 Cypher 脚本文件
apoc.export.cypher.graph	CALL apoc.export.cypher.graph(　　graph, 　　file, 　　config)	将给定的 graph 对象的内容导出到 Cypher 脚本文件
apoc.export.cypher.query	CALL apoc.export.cypher.query(　　query, 　　file, 　　config)	导出 Cypher 查询的结果到 Cypher 脚本
apoc.export.cypher .schema	CALL apoc.export.cypher.schema(　　file, 　　config)	仅导出数据库模式（即索引和限制）到 Cypher 脚本
apoc.export.cypherAll	CALL apoc.export.cypherAll(　　file, 　　config)	同 cypher.all()
apoc.export.cypherData	CALL apoc.export.cypherData(　　nodes, 　　rels, 　　file, config)	同 cypher.data()
apoc.export.cypherGraph	CALL apoc.export.cypherGraph(　　graph, 　　file, 　　config)	同 cypher.graph()
apoc.export.cypherQuery	CALL apoc.export.cypherQuery(　　query, 　　file, 　　config)	同 cypher.query()
apoc.export.graphml.all	CALL apoc.export.graphml.all(　　file, 　　config)	导出整个数据库到 graphML 脚本，包括索引和限制

过程名	接口	功能

apoc.export.graphml.data	CALL apoc.export.graphml.data(
	    nodes,
	    rels,
	    file,
	    config
	)
		将给定的节点和关系导出到 graphML 脚本文件

apoc.export.graphml
.graph
	CALL
	apoc.export.graphml.graph(
	    graph,
	    file,
	    config
	)
		将给定的 graph 对象的内容导出到 graphML 脚本文件

apoc.export.graphml
.query
	CALL
	apoc.export.graphml.query(
	    query,
	    file,
	    config
	)
		导出 Cypher 查询的结果到 graphML 脚本

apoc.export.json.all	CALL apoc.export.json.all(
	    file,
	    config
	)
		导出整个数据库到 JSON 文件，包括索引和限制

apoc.export.json.data	CALL apoc.export.json.data(
	    nodes,
	    rels,
	    file,
	    config
	)
		将给定的节点和关系导出到 JSON 文件

apoc.export.json.graph	CALL apoc.export.json.graph(
	    graph,
	    file,
	    config
	)
		将给定的 graph 对象的内容导出到 JSON 脚本文件

apoc.export.json.query	CALL apoc.export.json.query(
	    query,
	    file,
	    config
	)
		导出 Cypher 查询的结果到 JSON 文件

apoc.import.csv	CALL apoc.import.csv(file,config)	导入格式符合 IMPORT 工具要求的 CSV 文件
apoc.import.graphml	CALL apoc.import.graphml(file,config)	导入 graphML 文件

过程名	接口	功能
apoc.load.csv	CALL apoc.load.csv(　'url', 　{config}) YIELD lineNo, list, map	导入 CSV 数据文件，与 LOAD CSV 相同
apoc.load.driver	CALL apoc.load.driver('org.apache.derby.jdbc.Embedded Driver')	加载 JDBC 驱动
apoc.load.html	CALL apoc.load.html(　'url', 　{ name: jquery, 　　name2: jquery 　}, 　config) YIELD value	解析 HTML 页面并返回 MAP 数据结构
apoc.load.jdbc	CALL apoc.load.jdbc(　'key or url', 　'table or statement', 　params, 　config) YIELD row	连接并读取 JDBC 数据源
apoc.load.jdbcUpdate	CALL apoc.load.jdbcUpdate(　'key or url', 　'statement', 　[params], 　config) YIELD row	连接并更新 JDBC 数据源
apoc.load.json	CALL apoc.load.json(　url, 　path, 　config) YIELD value	解析 JSON 文件页面并返回数据结构
apoc.load.jsonArray	CALL apoc.load.jsonArray(　'url') YIELD value	解析网络端的 JSON 文件链接并返回数据结构
apoc.load.jsonParams	CALL apoc.load.jsonParams(　url, 　{ header:value}, 　payload, 　config) YIELD value	读取网络端 JSON 链接的内容头信息
apoc.load.ldap	CALL apoc.load.ldap(　"key" or {connectionMap}, 　{searchMap}) YIELD entry	读取 LDAP 中的内容

（续表）

过程名	接口	功能
apoc.load.xml	CALL apoc.load.xml(　　url, 　　xPath, 　　config, 　　false) YIELD value as doc	解析 XML 文件并应用 XPath，返回数据结构
apoc.load.xmlSimple	CALL apoc.load.xmlSimple(　　url) YIELD value	加载和解析简单结构的 XML 文档

为了能够使用 APOC 过程导出数据，需要增加下面的配置项：

| Neo4j.conf | `apoc.export.file.enabled=true` |

为了能够使用 APOC 过程导入数据，需要增加下面的配置项：

| neo4j.conf | `apoc.import.file.enabled=true` |

APOC 的数据导入和导出目录是服务器端目录，默认位置是 Neo4j 安装目录下的 import 和 export 目录。出于安全性的考虑，如果要使用 Neo4j 服务器的设置，即限定 APOC 可以访问的根目录为 Neo4j 的安装目录（位于<NEO4J_HOME>/import 下），则需要增加下面的配置项：

| neo4j.conf | `apoc.import.file.use_neo4j_config=true` |

5.2　导出到 CSV 文件 – export.csv.*

5.2.1　定义

APOC 提供一系列过程实现将数据库中的数据导出到 CSV 文件。这些过程支持不同的导出逻辑：

- 导出所有数据
- 导出查询结果
- 导出特定标签节点和关系类型
- 导出一个 graph 对象

5.2.2　应用

将数据库中的内容导出到 CSV 文件，用于数据迁移、集成和转换等目的。

5.2.3 过程概述

过程	apoc.export.csv.*
	√ 有向图 √ 权重图 X 返回结果 X 更新属性 ◉ 低复杂度 X 并行执行

5.2.4 过程调用接口 – export.csv.all

```
过
程   CALL apoc.export.csv.all(
接      file,
口      {configuration}
     )
```

export.csv.all 过程参数如表 5-2 所示。

表 5-2 export.csv.all 过程参数

参数名	类型	默认值	可为空？	说明
file	字符串	无	否	导出的目标文件名
{configuration}	映射（Map）	有	是	导出配置选项。参见本表下面各行的说明
arrayDelim	字符串	分号(;)	是	数组内容的分隔符
bulkImport	布尔值	true	是	是否输出成能够用作 neo4j-admin import 命令处理的文件格式
batchSize	正整数	20000	是	批次大小
delim	字符串	逗号(,)	是	数据项分隔符
quotes	字符串	'always'	是	导出文本中是否包含引号，取值：'always', 'none', 'ifNeeded'
separateHeader	布尔值	false	是	是否将文件标题行和数据内容保存到不同的文件中
useTypes	布尔值	false	是	是否在文件标题行中包含类型信息

5.2.5 示例 – export.csv.all

```
// 5.2(1) 导出全库到 CSV 文件。
// 文件格式：使用逗号做分隔符；仅在需要时使用引号；文件标题行包含类型。
// 参数： - file：文件路径和名称，export/sanguo.txt
//       - 配置选项：
//       - quotes: ifNeeded
//       - useTypes: true

CALL apoc.export.csv.all(
  'export/sanguo.txt',
  { quotes:'ifNeeded',
```

```
        useTypes:true
    }
)
```

5.2.6　过程调用接口 – export.csv.data

过
程
接
口

```
CALL apoc.export.csv.data(
    nodes,
    relationships,
    file,
    {configuration}
)
```

export.csv.data 过程参数如表 5-3 所示。

表 5-3　export.csv.data 过程参数

参数名	类型	默认值	可为空?	说明
nodes	节点集合	无	否	导出的节点集合
relationships	关系集合	无	否	导出的关系集合
file	字符串	无	否	导出的目标文件名
{configuration}	映射（Map）	有	是	导出配置选项。参见 5.2.4 节

5.2.7　示例 – export.csv.data

CYPHER

```
// 5.2(2) 导出指定节点和关系到 CSV 文件。
// 文件格式：使用逗号做分隔符；仅在需要时使用引号；文件标题行包含类型。
// 参数: - file: 文件路径和名称, export/sanguo2.txt
//       - 配置选项:
//         - quotes: ifNeeded
//         - useTypes: true

MATCH (n:人物) -[r:主公]-> (m)
WITH collect(n) + collect(m) AS nodelist, collect(r) AS rels
CALL apoc.export.csv.data(
  nodelist,
  rels,
  'export/sanguo2.txt',
  {quotes:'ifNeeded',useTypes:true}
)YIELD file,nodes,relationships,properties,time
    ,rows,batchSize,batches,done,data
RETURN file,nodes,relationships,properties,time
    ,rows,batchSize,batches,done,data
```

5.2.8　过程调用接口 – export.csv.graph

```
过  CALL apoc.export.csv.graph(
程     graph,
接     file,
口     {configuration}
    )
```

export.csv.graph 过程参数如表 5-4 所示。

表 5-4　export.csv.graph 过程参数

参数名	类型	默认值	可为空？	说明
graph	对象	无	否	graph 对象
file	字符串	无	否	导出的目标文件名
{configuration}	映射（Map）	有	是	导出配置选项。参见 5.2.4 节

graph 对象是 APOC 实现的一种数据结构，其内容可以包含数据库中存在的节点、关系和属性，也可以是仅在内存中使用的虚拟节点、关系和属性。graph 对象可以通过 APOC 中的 apoc.graph.*过程创建，详细说明请参见 9.3 节。

5.2.9　示例 – export.csv.graph

```
      // 5.2(3) 导出一个 graph 对象的内容到 CSV 文件。
      // 文件格式：使用逗号做分隔符；仅在需要时使用引号；文件标题行包含类型。
      // 参数：- graph：一个包含节点、关系和属性的 graph 对象
      //      - file：文件路径和名称，export/sanguo_graph.txt
      //      - 配置选项：
      //        - quotes: ifNeeded
      //        - useTypes: true

      CALL apoc.graph.fromCypher(
         'MATCH (n)-[r:主公]->(m) RETURN * LIMIT $limit',
C        {limit:1},
Y        'test graph',
P        {graphId:'graph'}
H     )
E     YIELD graph
R     WITH graph
      CALL apoc.export.csv.graph(
         graph,
         'export/sanguo_graph.txt',
         {quotes:'ifNeeded',useTypes:true}
      )
      YIELD file,nodes,relationships,properties,time
          ,rows,batchSize,batches,done,data
      RETURN file,nodes,relationships,properties,time
          ,rows,batchSize,batches,done,data
```

5.2.10　过程调用接口 – export.csv.query

```
过  CALL apoc.export.csv.query(
程     query,
接     file,
口     {configuration}
   )
```

export.csv.query 过程参数如表 5-5 所示。

表 5-5　export.csv.query 过程参数

参数名	类型	默认值	可为空?	说明
query	字符串	无	否	要执行的 Cypher 查询
file	字符串	无	否	导出的目标文件名
{configuration}	映射（Map）	有	是	导出配置选项。参见 5.2.4 节

5.2.11　示例 – export.csv.query

```
// 5.2(4) 运行 Cypher 查询并将结果导出到 CSV 文件。
// 文件格式：使用逗号做分隔符；节点和关系结构为 JSON 格式；不使用引号；
//          文件标题行包含类型。
// 参数： - query: 查询语句
//        - file: 文件路径和名称，export/sanguo2.txt
//        - 配置选项:
//          - quotes: none
//          - useTypes: true

CALL apoc.export.csv.query(
   'MATCH (n)-[r:主公]->(m) RETURN n,r,m',
   'export/sanguo_query.txt',
   {quotes:'none',useTypes:true}
)
YIELD file,nodes,relationships,properties,time
     ,rows,batchSize,batches,done,data
RETURN file,nodes,relationships,properties,time
     ,rows,batchSize,batches,done,data
```

5.3　导出到 JSON 文件

5.3.1　定义

APOC 提供一系列过程实现将数据库中的数据导出到 JSON 文件。这些过程支持不同的导出逻辑：

- 导出所有数据
- 导出查询结果
- 导出特定标签节点和关系类型

73

- 导出一个 graph 对象

5.3.2 应用

将数据库中的内容导出到 JSON 文件，用于数据迁移、集成和转换等目的。

5.3.3 过程概述

5.3.4 过程调用接口 – export.json.all

```
CALL apoc.export.json.all(
    file,
    {configuration}
)
```

export.json.all 过程参数如表 5-6 所示。

表 5-6   export.json.all 过程参数

参数名	类型	默认值	可为空？	说明
file	字符串	无	否	导出的目标文件名
{configuration}	映射（Map）	有	是	导出配置选项。参见 5.2.4 节

5.3.5 示例 – export.json.all

```
// 5.3(1) 导出全库到 JSON 文件。
// 文件格式：JSON
// 参数：- file: 文件路径和名称，export/sanguo.json

CALL apoc.export.json.all(
    'export/sanguo.json'
)
```

5.3.6 过程调用接口 – export.json.data

```
CALL apoc.export.json.data(
    nodes,
    relationships,
    file,
    {configuration}
)
```

export.json.data 过程参数如表 5-7 所示。

表 5-7　export.json.data 过程参数

参数名	类型	默认值	可为空？	说明
nodes	节点集合	无	否	
relationships	关系集合	无	否	
file	字符串	无	否	导出的目标文件名
{configuration}	映射（Map）	有	是	导出配置选项。参见 5.2.4 节

5.3.7　示例 – export.json.data

```
// 5.3(2) 导出指定节点和关系到 JSON 文件。
// 文件格式：JSON。
// 参数：- file: 文件路径和名称, export/sanguo2.json

MATCH (n:人物) -[r:主公]-> (m)
WITH collect(n) + collect(m) AS nodelist, collect(r) AS rels
CALL apoc.export.json.data(
  nodelist,
  rels,
  'export/sanguo2.json',
  {}
) YIELD file,nodes,relationships,properties,time
        ,rows,batchSize,batches,done,data
RETURN file,nodes,relationships,properties,time
        ,rows,batchSize,batches,done,data
```

5.3.8　过程调用接口 – export.csv.graph

```
CALL apoc.export.json.graph(
   graph,
   file,
   {configuration}
)
```

export.csv.graph 过程参数如表 5-8 所示。

表 5-8　export.csv.graph 过程参数

参数名	类型	默认值	可为空？	说明
Graph	对象	无	否	graph 对象
File	字符串	无	否	导出的目标文件名
{configuration}	映射（Map）	有	是	导出配置选项。参见 5.2.4 节

　　graph 对象是 APOC 实现的一种数据结构，其内容可以包含数据库中存在的节点、关系和属性，也可以是仅在内存中使用的虚拟节点、关系和属性。graph 对象可以通过 APOC 中

的 apoc.graph.*过程创建，详细说明请参见 9.3 节。

5.3.9　示例 – export.json.graph

```cypher
// 5.3(3) 导出一个 graph 对象的内容到 JSON 文件。
// 文件格式：JSON。
// 参数： - graph：一个包含节点、关系和属性的 graph 对象
//       - file：文件路径和名称，export/sanguo_graph.json

CALL apoc.graph.fromCypher(
    'MATCH (n)-[r:主公]->(m) RETURN * LIMIT $limit',
    {limit:1},
    'test graph',
    {graphId:'graph'}
)
YIELD graph
WITH graph
CALL apoc.export.json.graph(
    graph,
    'export/sanguo_graph.json',
    {quotes:'ifNeeded',useTypes:true}
)
YIELD file,nodes,relationships,properties,time
    ,rows,batchSize,batches,done,data
RETURN file,nodes,relationships,properties,time
    ,rows,batchSize,batches,done,data
```

5.3.10　过程调用接口 – export.json.query

```cypher
CALL apoc.export.json.query(
    query,
    file,
    {configuration}
)
```

export.json.query 过程参数如表 5-9 所示。

表 5-9　export.json.query 过程参数

参数名	类型	默认值	可为空?	说明
query	字符串	无	否	要执行的 Cypher 查询
file	字符串	无	否	导出的目标文件名
{configuration}	映射（Map）	有	是	导出配置选项。参见 5.2.4 节

5.3.11　示例 – export.json.query

```cypher
// 5.3(4) 运行 Cypher 查询并将结果导出到 JSON 文件。
// 文件格式：JSON。
```

```
// 参数：- query: 查询语句
//      - file: 文件路径和名称, export/sanguo_query.json

CALL apoc.export.json.query(
    'MATCH (n)-[r:主公]->(m) RETURN n,r,m',
    'export/sanguo_query.json',
    {quotes:'none',useTypes:true}
)
YIELD file,nodes,relationships,properties,time
      ,rows,batchSize,batches,done,data
RETURN file,nodes,relationships,properties,time
      ,rows,batchSize,batches,done,data
```

5.4　导出到 Cypher 查询文件

5.4.1　定义

APOC 提供一系列过程实现将数据库中的数据导出到可执行的 Cypher 脚本文件。这些过程支持不同的导出逻辑：

- 导出所有数据
- 导出查询结果
- 导出特定标签节点和关系类型
- 导出一个 graph 对象
- 仅导出索引和限制（index 和 constraint）

5.4.2　应用

将数据库中的内容导出到 Cypher 文件，用于数据迁移、集成和转换等目的。

5.4.3　过程概述

5.4.4　过程调用接口 – export.cypher.all

```
过程接口
CALL apoc.export.cypher.all(
    file,
    {configuration}
)
```

export.cypher.all 过程参数如表 5-10 所示。

表 5-10   export.cypher.all 过程参数

参数名	类型	默认值	可为空？	说明
file	字符串	无	否	导出的目标文件名
{configuration}	映射（Map）	有	是	导出配置选项。参见本表下面各行的说明
batchSize	正整数	20000	是	批次大小
format	字符串	'neo4j-shell'	是	指定 Cypher 脚本的格式： - cypher-shell：以:begin 和:commit 分隔 - neo4j-shell：以 BEGIN 和 COMMIT 分隔 - plain：无 BEGIN 或 COMMIT 分隔
nodesOfRelationships	布尔值	false	是	是否在节点之间包含关系，默认是不包含（false）
separateFiles	布尔值	false	是	是否将节点和关系导出到分开的文件，默认是导出到一个文件（false）
cypherFormat	字符串	'create'	是	指定 Cypher 脚本的格式： - create：全部使用 CREATE 命令 - updateAll：全部使用 MERGE 命令 - addStructure：节点和关系用 MERGE、包括 INDEX 创建 - updateStructure：节点用 MATCH，关系用 MERGE
streamStatements	布尔值	false	是	是否输出每个批次的执行信息（true）

5.4.5   示例 – export.cypher.all

```
// 5.4(1) 导出全库到 Cypher 文件。
// 文件格式：Cypher
// 参数：- file：文件路径和名称，export/sanguo.cyp
//      - 配置：全部使用 CREATE、不包含 BEGIB/COMMIT、批次大小10

CALL apoc.export.cypher.all(
   'export/sanguo.cyp',
   {
      streamStatements:true,
      batchSize:10,
      cypherFormat:'create',
      format:'plain'}
)
```

5.4.6　过程调用接口 – export.cypher.data

过程接口	CALL **apoc.export.cypher.data**(　　nodes, 　　relationships, 　　file, 　　{configuration})

export.cypher.data 过程参数如表 5-11 所示。

表 5-11　export.cypher.data 过程参数

参数名	类型	默认值	可为空?	说明
nodes	节点集合	无	否	节点集合
relationships	关系集合	无	否	关系集合
file	字符串	无	否	导出的目标文件名
{configuration}	映射（Map）	有	是	导出配置选项。参见 5.4.4 节

5.4.7　示例 – export.cypher.data

```
// 5.4(2) 导出指定节点和关系到 Cypher 脚本文件。
// 文件格式：Cypher
// 参数：- file: 文件路径和名称，export/sanguo2.cyp
//      - 配置：全部使用 CREATE、不包含 BEGIB/COMMIT、批次大小10

MATCH (n:人物) -[r:主公]-> (m)
WITH collect(n) + collect(m) AS nodelist, collect(r) AS rels
CALL apoc.export.cypher.data(
  nodelist,
  rels,
  'export/sanguo2.cyp',
  { streamStatements:true,
      batchSize:10,
      cypherFormat:'create',
      format:'plain'
  }
)
YIELD file,batches,format,nodes,relationships,
    properties,time,rows,batchSize
RETURN file,batches,format,nodes,relationships,
      properties,time,rows,batchSize
```

5.4.8　过程调用接口 – export.cypher.graph

过程接口	CALL **apoc.export.cypher.graph**(　　graph, 　　file, 　　{configuration})

export.cypher.graph 过程参数如表 5-12 所示。

表 5-12　export.cypher.graph 过程参数

参数名	类型	默认值	可为空？	说明
graph	对象	无	否	graph 对象
file	字符串	无	否	导出的目标文件名
{configuration}	映射（Map）	有	是	导出配置选项。参见 5.4.4 节

graph 对象是 APOC 实现的一种数据结构，其内容可以包含数据库中存在的节点、关系和属性，也可以是仅在内存中使用的虚拟节点、关系和属性。graph 对象可以通过 APOC 中的 apoc.graph.*过程创建，详细说明请参见 9.3 节。

5.4.9　示例 – export.cypher.graph

```cypher
// 5.4(3) 导出一个 graph 对象的内容到 Cypher 文件。
// 文件格式：Cypher。
// 参数：- graph：一个包含节点、关系和属性的 graph 对象
//      - file：文件路径和名称，export/sanguo_graph.cyp
//      - 配置：全部使用 CREATE、不包含 BEGIB/COMMIT、批次大小10

CALL apoc.graph.fromCypher(
    'MATCH (n)-[r:主公]->(m) RETURN * LIMIT $limit',
    {limit:1},
    'test graph',
    {graphId:'graph'}
)
YIELD graph
CALL apoc.export.cypher.graph(
    graph,
    'export/sanguo_graph.cyp',
    { streamStatements:true,
      batchSize:10,
      cypherFormat:'create',
      format:'plain'
    }
)
YIELD file,batches,format,nodes,relationships,
    properties,time,rows,batchSize
RETURN file,batches,format,nodes,relationships,
    properties,time,rows,batchSize
```

5.4.10　过程调用接口 – export.cypher.query

```
CALL apoc.export.cypher.query(
    query,
    file,
    {configuration}
)
```

export.cypher.query 过程参数如表 5-13 所示。

表 5-13　export.json.all 过程参数

参数名	类型	默认值	可为空？	说明
query	字符串	无	否	要执行的 Cypher 查询
file	字符串	无	否	导出的目标文件名
{configuration}	映射（Map）	有	是	导出配置选项。参见 5.4.4 节

5.4.11　示例 – export.cypher.query

```
// 5.4(4) 运行 Cypher 查询并将结果导出到 Cypher 文件。
// 文件格式：Cypher。
// 参数：- query：查询语句
//      - file：文件路径和名称，export/sanguo2_cypher.cyp
//      - 配置：全部使用 CREATE、不包含 BEGIB/COMMIT、批次大小10、
//              文件格式 cypher-shell。

CALL apoc.export.cypher.query(
   'MATCH (n)-[r:主公]->(m) RETURN n,r,m',
   'export/sanguo_query.cyp',
   { streamStatements:true,
     batchSize:10,
     cypherFormat:'create',
     format:'cypher-shell'
   }
)
YIELD file,batches,format,nodes,relationships,
      properties,time,rows,batchSize
RETURN file,batches,format,nodes,relationships,
       properties,time,rows,batchSize
```

5.4.12　过程调用接口 – export.cypher.schema

```
CALL apoc.export.cypher.schema(
   file,
   {configuration}
)
```

export.cypher.schema 过程参数如表 5-14 所示。

表 5-14　export.cypher.schema 过程参数

参数名	类型	默认值	可为空？	说明
File	字符串	无	否	导出的目标文件名
{configuration}	映射（Map）	有	是	导出配置选项。参见 5.4.4 节

5.4.13 示例 – export.cypher.schema

```cypher
// 5.4(5)导出数据库模式到 Cypher 文件。
//   文件格式：Cypher。
//   参数：- file: 文件路径和名称，export/schema.cyp
//        - 配置：文件格式 cypher-shell。

CALL apoc.export.cypher.schema(
  'export/schema.cyp',
  { format:'cypher-shell' }
)
```

5.5 导入 CSV 文件

5.5.1 定义

CSV 是最常用的数据交换格式，被各类应用广泛使用。Neo4j 提供 IMPORT 数据导入命令行工具（neo4j-admin import），以及在 Cypher 中提供 LOAD CSV 来实现从 CSV 文件中导入数据到数据库中。

APOC 的 CSV 导入过程则提供了更丰富的特性：

● 为每行增加了行号
● 为每行提供了 MAP 和 LIST 两种数据表示
● 自动的数据类型转换（包含分解列表到数组）
● 保持字符串原始格式的选项
● 忽略字段的选项
● 没有标题的文件
● 替换特定内容为空 NULL

APOC 过程还可以直接处理 ZIP 文件。

5.5.2 应用

从 CSV 文件中导入内容到数据库中，用于数据迁移、集成和转换等目的。

5.5.3 过程概述

5.5.4　过程调用接口 – apoc.load.csv

过程接口	`CALL apoc.load.csv(`
	`    file,`
	`    {configuration}`
	`)`

apoc.load.csv 过程参数如表 5-15 所示。

表 5-15　apoc.load.csv 过程参数

参数名	类型	默认值	可为空?	说明
file	字符串	无	否	导入的 CSV 文件名
{configuration}	映射（Map）	有	是	导出配置选项。参见本表下面各行的说明
arraySep	字符串	分号(;)	是	数组内容的分隔符
header	布尔值	True	是	文件是否包含标题行
ignore	数组	[]	是	要忽略的列/字段
limit	正整数	逗号(,)	是	处理的行数限制
mapping	映射（Map）	{}	是	字段映射规则，具体格式见下面的表格
nullValues	数组	[]	是	转换成 NULL 处理/忽略的值，例如['na', false]
quoteChar	字符串	双引号(")	是	字段值使用的引号
sep	字符串	逗号(,)	是	数据项分隔符
skip	正整数	无	是	要忽略的行数

mapping 字段映射规则格式如表 5-16 所示。

表 5-16　mapping 字段映射规则格式

名称	默认值	说明
type	无	'int', 'string'等
array	false	表示字段是否为数组
arraySep	';'	数组分隔符
name	无	重命名属性
ignore	false	忽略/删除此字段
nullValues	[]	哪些值被视为 null，例如 ['na',false]

Mapping 的内容举例如下：

代码示例	`mapping:{`
	`  name: {type: 'string', name: 'fullname'},`
	`  age:  {type: 'int'},`
	`  hobits:{array: true,arraySep: ';'},`
	`  genre: {type: 'string', nulValues: ['na','unknown','x']},`
	`  col:  {ignore: true}`
	`}`

在导入较大数据文件时，使用 LOAD CSV 时通常需要在前面加上 USING PERIODIC

COMMIT n 来指定每个事务的批次大小（正整数 n）以避免 JVM 内存溢出。如果使用 APOC 的 load.csv()过程，可以和任务管理过程（参见 4.3 节）相结合达到相同的效果：

```
CALL apoc.periodic.iterate(
  'CALL apoc.load.csv(
    {url}
  ) YIELD map AS row RETURN row',
  'CREATE (p:Person) SET p = row',
  { batchSize:10000,
    iterateList:true,
    parallel:true
  }
);
```

5.5.5 示例 – apoc.load.csv

下面是我们要用来测试的 CSV 文件（注意有下划线的内容表示数组）：

```
name,genre,zi,weapon,title
刘备,男,玄德,双锏,昭烈皇帝
关羽,男,云长,青龙偃月刀;长剑,汉寿亭候
张飞,男,翼德,丈八长矛,na
赵云,男,子龙,长枪;弓箭,无
```

```
// 5.5(1) 读取 CSV 文件。
//   文件格式：逗号分隔的 CSV 文件。
//   参数： - file: 文件路径和名称, import/sanguo.csv
//         - 配置选项：使用默认值
//   返回：自动添加的行号, MAP 对象表示的行数据, List 对象表示的行数据
CALL apoc.load.csv(
  'import/sanguo.csv',
  {}
) YIELD lineNo, map, list
```

```
// 5.5(2) 读取 CSV 文件，并创建节点和关系。
//   文件格式：逗号分隔的 CSV 文件。
//   参数： - file: 文件路径和名称, import/sanguo.csv
//         - 配置选项：文件标题行，最大行数，字段类型映射：
//                 - name: 字符串
//                 - genre: 字符串
//                 - title: 字符串，忽略'na'和'无'
//                 - zi: 不导入
//   对象映射：1) 每行创建"人物"节点
//            2) weapon 中每个元素创建"兵器"节点
//            3) 创建(:人物) -[:使用]-> (:兵器)关系
//   返回：创建的对象计数。

CALL apoc.load.csv(
  'import/sanguo.csv',
  { header: true, limit: 10,
```

```
      mapping:{ name:   {type:'string'},
               genre:  {type:'string'},
               weapon:{array:true, arraySep:';'},
               title:  {type:'string', nullValues:['na','无']},
               zi:     {ignore:true}
      }
   }
) YIELD lineNo, map, list
WITH lineNo, map
MERGE (n:人物{name:map.name})
  ON CREATE SET n.genre = map.genre, n.title = map.title
WITH n,map
UNWIND map.weapon AS weapon
MERGE (w:兵器{name:weapon})
MERGE (n) -[:使用]-> (w)
RETURN count(*)
```

5.6　导入 JSON 数据

5.6.1　定义

Web API/RESTful API 是访问和集成外部数据源一种常用的接口。目前，很多网站和应用服务都提供类似开放接口供其他应用读取其数据，而这些接口都使用 JSON[1]作为数据格式。

APOC 提供导入 JSON 格式数据的相关过程，支持从 URL 读取数据内容并转换成 MAP 结构以便于在 Cypher 查询中使用。Cypher 可以很方便地将嵌套的文档结构转换成属性图结构。

APOC 同时还支持 JSON Path[2]，即以特定模式搜索 JSON 文档中的数据项并返回其内容，其概念类似应用于 XML 的 XPath 和应用于 HTML 的 jQuery。JSON Path 的语法规则如表 5-17 所示。

表 5-17　JSON Path 的语法规则

操作符	描述
$	JSON 文档的根节点，这也是任何 JSON Path 的起始操作符
@	当前节点
*	通配符
..	搜索任意深度的子结构/子节点
.<name>	直接孩子节点，以小数点(.)符号引用

---

[1]　https://www.w3schools.com/whatis/whatis_json.asp
[2]　https://code.google.com/archive/p/json-path/

操作符	描述
`['<name>' (, '<name>')]`	直接孩子节点，以方括号([])引用
`[<number> (, <number>)]`	数组内的元素
`[start:end]`	数组内指定范围的元素
`[?(<expression>)]`	过滤条件表达式。表达式的结果必须是布尔值

例如，对于以下的 JSON 文档和 JSON Path 例子：

```json
{
    "store": {
        "book": [
            {
                "category": "reference",
                "author": "Nigel Rees",
                "title": "Sayings of the Century",
                "price": 8.95
            },
            {
                "category": "fiction",
                "author": "Evelyn Waugh",
                "title": "Sword of Honour",
                "price": 12.99
            }
        ],
        "bicycle": {
            "color": "red",
            "price": 19.95
        }
    },
    "expensive": 10
}
```

JSON Path 参数如表 5-18 所示。

表 5-18　JSON Path 参数

JSON Path	结果
$.store.book[*].author	所有 book 的 author 节点
$..author	所有 author 节点
$.store.*	store 中的所有节点/数据项
$.store..price	store 中的所有节点的 price
$..book[2]	第 3 个 book 节点
$..book[-2]	倒数第 2 个 book 节点
$..book[0,1]	第 1 和第 2 个 book 节点
$..book[:2]	从索引为 0(含)的 book 节点，到 2(不含)的 book 节点
$..book[1:2]	从索引为 1(含)的 book 节点，到 2(不含)的 book 节点
$..book[-2:]	最后 2 个 book 节点

（续表）

JSON Path	结果
$..book[2:]	倒数第 2 个 book 节点
$..book[?(@.isbn)]	所有具有 isbn 属性的 book 节点
$.store.book[?(@.price < 10)]	Store 下的所有 book 节点且 book 的 price < 10
$..book[?(@.price <= $['expensive'])]	所有 price 属性比 'expensive' 的值低的 book 节点
$..book[?(@.author =~ /.*REES/i)]	所有匹配正则表达式的 book（不区分字母大小写）
$..*	返回所有内容
$..book.length()	book 节点的数量，不管 book 是在文档中的哪个层次出现

更多说明请参见 JSON Java Implementation by Jayway，网址为 https://github.com/json-path/ JsonPath。

5.6.2　应用

读取 JSON 数据（来自文件或 URL），用于数据迁移、集成和转换等目的。

5.6.3　过程概述

5.6.4　过程调用接口 – apoc.load.json

```
过程    CALL apoc.load.json(
接口        url,
           path
           {configuration}
       )
```

apoc.load.json 过程参数如表 5-19 所示。

表 5-19　apoc.load.json 过程参数

参数名	类型	默认值	可为空？	说明
url	字符串	无	否	JSON 数据源的本地文件路径，或者 URL
path	字符串	NULL	是	JSON Path 用来提取 JSON 文档中的内容。参见 5.6.1 节中的说明
{configuration}	映射（Map）	有	是	导出配置选项。参见本表下面各行的说明
failOnError	布尔值	true	是	在导入过程中如果出错是否停止执行

5.6.5 示例 – apoc.load.json

```
// 5.6(1) 通过 stackoverflow API 读取最近的关于 neo4j 的问题和回答。
//        参数：- url: stackoverflow API 及调用参数
//        返回：问题和回答标题、所有者、创建日期及所有数据项名称

WITH
"https://api.stackexchange.com/2.2/questions?pagesize=100&order=desc&sor
t=creation&tagged=neo4j&site=stackoverflow&filter=!5-
i6Zw8Y)4W7vpy91PMYsKM-k9yzEsSC1_Uxlf" AS url
CALL apoc.load.json(url)
YIELD value
UNWIND value.items AS item
RETURN item.title, item.owner, item.creation_date, keys(item)
```

查看返回的 JSON 数据内容，可以得到以下的结构（为节省空间，部分内容省略）：

```
{
  "quota_remaining": 282,
  "has_more": true,
  "items": [
    {
      "owner": {
        "link": "https://stackoverflow.com/users/11532153/sirui-li",
        "reputation": 1,
        "profile_image": "......",
        "user_type": "registered",
        "display_name": "Sirui Li",
        "accept_rate":76,
        "user_id": 11532153
      },
      "comment_count": 0,
      "last_editor": {
        ......
      },
      "answers": [
        {
          ......
        },
        {
          ......
        },
      ],
      "link": "......",
      "last_activity_date": 1559279740,
      "creation_date": 1559277139,
      "answer_count": 1,
      "title": "......",
      "question_id": 56388698,
      "tags": [
        "neo4j",
```

```
      "cypher"
    ],
  },
  {
    ......
  }
  ]
}
```

在上述结构中，实际数据内容包含在 items 数组内，每一项（发布的问题）又包含基本属性如 title、link、tags（标签的数组），以及嵌套数据项目如 owner、answers 等。如果我们想按照每个问题的 owner 的 accept_rate 进行筛选，仅返回 accept_rate>50 的那些问题，那么 JSON Path 可以这样写：$.items[?(@.owner.accept_rate>50)]。完整的例子如下。

```
// 5.6(2) 通过 stackoverflow API 读取最近的关于 neo4j 的问题和回答，应用
//        JSON Path 筛选出 accept_rate>50 的那些项目。
// 参数：- url: stackoverflow API 及调用参数
// 返回：问题和回答标题、所有者、创建日期及所有数据项名称。注意因为使用
//        JSON Path 返回 items 中的每一项，value 的内容不再包括 items 数组。
WITH
"https://api.stackexchange.com/2.2/questions?pagesize=100&order=desc&sort
=creation&tagged=neo4j&site=stackoverflow&filter=!5-
i6Zw8Y)4W7vpy91PMYsKM-k9yzEsSC1_Uxlf" AS url
CALL apoc.load.json(
   url,
   '$.items[?(@.owner.accept_rate>50)]'
)
YIELD
RETURN value.title, value.owner,
       value.creation_date, keys(value)
```

在提取了 JSON 中的数据项和值之后，创建对应的节点和关系就相对容易了，这里就不再详述。

重要技巧

可以在 neo4j.conf 中为 RESTful API 的 URL 定义别名，方法如下：

apoc.json.stackoverflow.url=https://api.stackexchange.com/2.2/questions?pagesize=100&order=desc&sort=creation&tagged=neo4j&site=stackoverflow&filter=!5-i6Zw8Y)4W7vpy91PMYsKM-k9yzEsSC1_Uxlf

那么，上面 5.6 节的例子中对过程的调用会变成：

CALL apoc.load.json('stackoverflow')

5.7 导入 XML 文件

5.7.1 定义

XML[1]是一种半结构化的文档，也是当今很多应用采用的数据交换格式。它先于 JSON 被提出和推广，是软件和服务之间实现信息的自动交换的重要数据规范，被用于很多场合：

- 所有 Office 文档都可以保存为 XML 格式。
- 规范的 HTML 5 页面是一个 XML 文档。
- RDF（资源描述框架），用于本体和语义网络的描述语言是 XML 格式。
- GraphML，一种以 XML 描述图的语言。

说到 XML，就不得不也提及 XPath[2]。XPath，全称为 XML Path Language，即 XML 路径语言，它是一种在 XML 文档中查找信息的语言。如果把 XML 中的元素想象成在不同层次嵌套结构中的节点，那么使用 XPath 可以方便地遍历并选取其中任意节点。

XPath 的选择功能十分强大，它提供了非常简洁明了的路径选择表达式，另外它还提供了超过 100 个内建函数用于字符串、数值、时间的匹配以及节点、序列的处理等等，几乎所有我们想要定位的节点都可以用 XPath 来选择。下面是 XPath 的最基本的语法规则：

- nodename 选取此节点的所有子节点
- /从当前节点选取直接子节点
- //从当前节点选取子孙节点
- .选取当前节点
- ..选取当前节点的父节点
- @选取属性

例如：//title[@lang='eng'] 是一个 XPath 规则，它代表选择所有名称为 title 且属性 lang 的值为 eng 的节点。

XPath 于 1999 年 11 月 16 日成为 W3C 标准，它被设计为供 XSLT、XPointer 以及其他 XML 解析软件使用，更多的文档可以访问其官方网站：https://www.w3.org/TR/xpath/。

5.7.2 导入 XML 文档 – apoc.xml.import

过程接口	`// 使用下面的过程直接导入 XML 文档`
	`CALL apoc.xml.import(`
	`    url,`
	`    {configuration}`
	`)`

---

[1] https://www.w3schools.com/xml/xml_whatis.asp
[2] https://www.w3schools.com/xml/xml_xpath.asp

apoc.xml.import 过程参数如表 5-20 所示。

表 5-20　apoc.xml.import 过程参数

参数名	类型	默认值	可为空？	说明
url	字符串	无	否	XML 数据源的本地文件路径，或者 URL
{configuration}	映射（Map）	有	是	导入配置选项。参见本表下面各行的说明
charactersForTag	映射（Map）	{}	是	元素名->字符串映射表：对于给定元素名，会创建额外 text 属性存储文本内容
createNextWordRelationships	布尔值	true	是	是否创建：NEXT 关系连接文本内容节点
connectCharacters	布尔值	false	是	为 true 时，XML 中的文本内容作为其元素标签的子节点，并用关系连接，关系的类型由 relType 决定（参见下面的说明）
delimiter	字符串	\s（范式表达式中的空格）	是	对于文本元素，使用分隔符将文本内容分割成不同节点
filterLeadingWhitespace	布尔值	false	是	为 true 时文档中每行的开始空格会被忽略
label	字符串	'XmlCharacter'		用于表示文本元素的标签名
relType	字符串	'NEXT'	是	连接文本元素到链接表的关系类型名

下面表 5-21 定义了通用的 XML 文档元素到图的映射规则。

表 5-21　通用的 XML 文档元素到图的映射规则

xml 对象	节点标签	属性
document	XmlDocument	_xmlVersion, _xmlEncoding
processing instruction	XmlProcessingInstruction	_piData, _piTarget
Element/Tag	XmlTag	_name
Attribute	无	XmlTag 节点中的属性
Text	XmlWord	对每个词创建一个独立的节点

下面表 5-22 定义了从 XML 文档中元素转换成图节点后所使用的关系。

表 5-22　从 XML 文档中元素转换成图节点后所使用的关系

关系类型	描述
:IS_CHILD_OF	指向一个嵌套的 xml 元素
:FIRST_CHILD_OF	指向第一个孩子
:NEXT_SIBLING	指向同一嵌套级别中的下一个 xml 元素
:NEXT	生成一个串联整个文档的顺序节点链
:NEXT_WORD	当{configuration}中包含了下面的配置项 createNextWordRelationships:true 后，将 xml 中的单词连接成文本流

5.7.3　示例 – apoc.xml.import

以下是用来加载的 XML 文档样例 books2.xml。

```xml
<?xml version="1.0"?>
<目录>
    <图书 id="bk101">
        <作者>罗贯中</作者>
        <书名>三国演义</书名>
        <类别>历史小说</类别>
        <价格>44.95</价格>
        <出版日期>2000-10-01</出版日期>
        <简介>中国四大名著之一。三国指的是魏、蜀、吴。</简介>
    </图书>
    <图书 id="bk102">
        <作者>[美]加来道雄</作者>
        <书名>平行宇宙</书名>
        <类别>科普读物</类别>
        <价格>29.95</价格>
        <出版日期>2018-03-01</出版日期>
        <简介>介绍天文知识和关于宇宙的各种猜想和假说。</简介>
    </图书>
        <图书 id="bk103">
        <作者>张帜 等</作者>
        <书名>Neo4j 权威指南</书名>
        <类别>计算机应用</类别>
        <价格>79.95</价格>
        <出版日期>2017-10-15</出版日期>
        <简介>关于 Neo4j 图数据库的全面、详细介绍和应用指南。</简介>
    </图书>
</目录>
```

```cypher
// 5.7(1) 导入 XML 文档、使用直接映射创建节点和关系。
//  参数：- url: 本地 XML 文档
//  返回：代表 XmlDocument 的节点。

CALL apoc.xml.import('books2.xml',{})
YIELD node
```

```
// 5.7(2) 测试由 XML 文档导入的节点、关系和属性。
MATCH path = (x:XmlDocument{url:'books2.xml'})
            <-[:IS_CHILD_OF]- (t:XmlTag)
            <-[:IS_CHILD_OF*]- (t2:XmlTag)
            <-[:FIRST_CHILD_OF]- (c:XmlCharacters)
RETURN path
```

上面 5.7(2)的查询结果如图 5-1 所示。

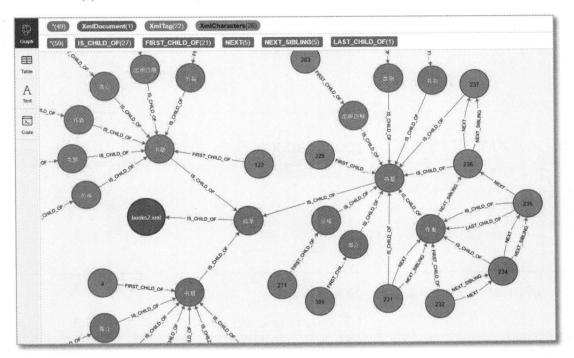

图 5-1　导入 XML 文档生成的图

从图 5-1 中可以看出：

● 整个文档对应到一个 XmlDocument 节点，其 url 属性保存文档名。

● 文档中的每个元素对应于一个 XmlTag 节点，根节点（这里是"目录"）和 XmlDocument 节点之间有关系:IS_CHILD_OF 连接；嵌套的节点和它们的父节点之间也有关系:IS_CHILD_OF 连接。

● 元素的文本内容对应于 XmlCharacters 节点，如果有空格则对每段文本会分别创建一个 XmlCharacter 节点，之间用关系:NEXT_SIBLING 连接。所有 XmlCharacters 节点与包含它们的 XML 文档元素之间用关系:IS_CHILD_OF 连接。

● XML 元素的属性（XML Attribute）保存在对应节点的属性（Node Property）中。

● 所有 XmlCharacter 节点之间以:NEXT 关系连接，形成贯穿整个 XML 文档的文本片段链条。

```
// 5.7(3) 导入 XML 文档、使用直接映射创建节点和关系。
// 参数：- url：本地 XML 文档
//       - {configuration}：指定文本节点的标签名和连接关系类型。说明如下：
//       - charactersForTag:{简介:'EOT'},在"简介"节点文本内容末尾增加//
一个节点，其 text 属性值是'EOT'，标签由 label 选项的值决定。
//       - label:'文本'，指定所有文本内容节点的标签名为"文本"
//       - relType:'下一个'，指定连接文本节点的关系名为"下一个"
// 返回：代表 XmlDocument 的节点。

CALL apoc.xml.import('books2.xml',
    { charactersForTag:{简介:'EOT'},
      label:'文本',
      relType:'下一个'}
    }
)
YIELD node
```

5.7.4　XML 文档加载 – apoc.load.xml

```
// 加载 XML 文档到内存，但不自动创建节点或关系
CALL apoc.load.xml(
    url,
    xpath,
    {configuration},
    simple
)
```

apoc.load.xml 过程参数如表 5-23 所示。

表 5-23　apoc.load.xml

参数名	类型	默认值	可为空？	说明
url	字符串	无	否	XML 数据源的本地文件路径，或者 URL
xpath	字符串	NULL	是	XPath 表达式
{configuration}	映射（Map）	有	是	导入配置选项。参见本表下面各行的说明
headers	映射（Map）	{}	是	HTTP 请求的头信息
failOnError	布尔值	true	是	如果出现错误是否终止加载
simple	布尔值	false	是	是否转换成简单 XML 文档格式。参见下面的描述

简单 XML 表示的例子如下（基于 5.7.3 节中的 XML 文档）：

```
{
  "_type": "图书",
  "_图书": [
    {
      "_type": "作者", "_text": "罗贯中"
    },
    {
```

94

```
    "_type": "书名", "_text": "三国演义"
  },
  {
    "_type": "类别", "_text": "历史小说"
  },
  {
    "_type": "价格", "_text": "44.95"
  },
  {
    "_type": "出版日期", "_text": "2000-10-01"
  },
  {
    "_type": "简介", "_text": "中国古代四大名著之一。故事起于黄巾起义，终于西晋统
一。三国指的是魏、蜀汉、吴。"
  }
],
"id": "bk101"
}
```

5.7.5　示例 – apoc.load.xml

```
// 5.7(4) 导入 XML 文档并转换文档内容到内存对象。
// 　参数：- url: 本地 XML 文档
// 　　　　- xpath: 仅筛选出文档中价格小于50的图书节点
// 　　　　- simple: true，使用简单格式
// 　返回：加载到内存的 XML 文档内容的属性值。

CALL apoc.load.xml(
        'books2.xml',
        '/目录/图书[价格<50]',
        {},true
)
YIELD value AS book
RETURN book._children[0]._text AS author,
        book._children[1]._text AS bookname
```

```
// 5.7(5) 导入 XML 文档并转换文档内容到内存对象。
// 　参数：- url: 本地 XML 文档
// 　　　　- xpath: 仅筛选出文档中价格小于50的图书节点
// 　　　　- simple: true，使用简单格式
// 　返回：加载到内存的 XML 文档内容，且仅返回"作者"和"书名"属性值。

CALL apoc.load.xml(
        'books2.xml',
        '/目录/图书[价格<50]',
        {},true
)
YIELD value AS book
RETURN book.id,
  [ attr IN book._children
```

```
    WHERE attr._type IN
        ['作者','书名'] | [attr._type,attr._text]
] AS pairs
```

请注意这里筛选属性时使用的语法：

```
    [ attr IN book._children
  WHERE attr._type IN ['作者','书名'] | [attr._type,attr._text]
]
```

上面的代码是 Cypher 实现的所谓 List Comprehension[1] 特性，以伪代码方式可描述如下：

```
    FOR EACH attr IN book._children
        IF attr._type IN['作者','书名'] THEN
            ADD [attr._type, attr._text] TO result
    NEXT
    RETURN result [['type1','text1'],[ 'type2','text2'],…]
```

5.8 访问其他 Neo4j 数据库

5.8.1 概述

APOC 提供基于 bolt[2] 协议的相关过程让应用客户端访问其他 Neo4j 数据库，包括运行读/写或只读的查询操作。相关过程如表 5-24 所示。

表 5-24 访问其他 Neo4j 数据库的相关过程

过程名	调用接口	说明
apoc.bolt.execute	CALL apoc.bolt.execute(urlOrKey, statement, params, config) YIELD row	通过 bolt 协议访问其他 Neo4j 数据库并执行读/写操作
apoc.bolt.load	CALL apoc.bolt.load(urlOrKey, statement, params, config) YIELD row	通过 bolt 协议访问其他 Neo4j 数据库并执行只读查询

---

[1] https://neo4j.com/docs/cypher-manual/3.5/syntax/lists/#cypher-list-comprehension
[2] https://boltprotocol.org/

96

5.8.2　过程定义 – apoc.bolt.execute

5.8.3　过程调用接口 – apoc.bolt.execute

```
CALL apoc.bolt.execute(
    urlOrKey, statement,params, config
) YIELD row
```

apoc.bolt.execute 过程参数如表 5-25 所示。

表 5-25　apoc.bolt.execute 过程参数

参数名	类型	默认值	可为空?	说明
urlOrKey	字符串	无	否	Neo4j 数据库 url，或者数据源的名称/字符串标识，该名称可以在 neo4j.conf 中预定义
statement	字符串	无	否	要执行的 Cypher 语句
params	映射（Map）	{}	是	statement 中 Cypher 查询的参数
{config}	映射（Map）	有	是	配置选项，参见本表下面各行的说明
statistics	布尔值	false	是	是否输出执行的统计结果
virtual	布尔值	false	是	是否返回虚拟节点/关系格式。为 false 则表示返回 MAP 结构数据
{driverConfig}	映射（Map）	{}	是	Neo4j 连接配置选项，参见本表下面各行的说明
logging	字符串	"INFO"	是	日志级别，取值如下：INFO, WARNING, OFF, SEVERE, CONFIG, FINE, FINER
encryption	布尔值	true	是	是否加密通信
logLeakedSessions	布尔值	true	是	是否记录泄露的会话
maxIdleConnectionPoolSize	正整数	10	是	连接池大小
idleTimeBeforeConnectionTest	整数	-1	是	连接无操作等待时间, -1 表示无限制
trustStrategy	字符串	无	是	证书信任机制，取值：TRUST_ALL_CERTIFICATES, TRUST_SYSTEM_CA_SIGNED_CERTIFICATES，或者用户证书

（续表）

参数名	类型	默认值	可为空？	说明
routingFailureLimit	整数	1	是	在连接不成功的情况下，对路由服务器表中主机的重试次数
routingRetryDelayMillis	整数	5000	是	在连接不成功的情况下，重试前的等待时间，单位为毫秒
connectionTimeoutMillis	整数	5000	是	连接超时，单位为毫秒
maxRetryTimeMs	整数	30000	是	最大重试时间，单位为毫秒

neo4j.conf

```
# apoc.bolt.*中访问的 Neo4j 数据库 URL
# 方法1：简单 url。使用下面的配置规定默认的 url。
# 使用方法：apoc.bolt.execute("","MATCH (n) RETURN n",{},{})
apoc.bolt.url=bolt://user:password@host:7687

# 方法2：命名的 url
# 使用方法：apoc.bolt.execute("test","MATCH (n) RETURN n",{},{})
apoc.bolt.test.url=bolt://user:password@testhost:7687
apoc.bolt.prod.url=bolt://user:password@host:7687
```

5.8.4　示例 – apoc.bolt.execute

```cypher
// 5.8(1) 连接到远程 Neo4j 数据库，创建节点并返回统计信息。
//        返回 row 变量包含执行结果，包括创建/删除的节点、标签、关系等。
CALL apoc.bolt.execute(
  "bolt://user:password@localhost:7687",
  "create(n:Node {name:$name})",
  {name:'Node1'},
  {statistics:true}
)
YIELD row

// 5.8(2) 连接到远程 Neo4j 数据库，创建节点并返回创建的对象。
//        返回 row 变量包含执行结果（MAP 结构）。
CALL apoc.bolt.execute(
  "bolt://neo4j:123@localhost:7687",
  "CREATE (n:Person{name:$name}) return n as node",
  {name:'Anne'}
) YIELD row
RETURN row.node
```

上述 5.8(2)的执行结果如图 5-2 所示。可以通过 row.node.id 访问 node 的内部 id，row.node.properties.name 访问 name 属性，row.node.labels 得到所有标签。

如果要在 Neo4j Browser 中看到返回的节点和关系，需要指定{config}中的 virtual:true。

```
$ call apoc.bolt.execute( "bolt://neo4j:123@localhost:7687"
```

	row.node
Table	

Text	```
	{
	  "id": 39484,
	  "entityType": "NODE",
	  "properties": {
	    "name": "Anne"
	  },
	  "labels": [
	    "Person"
	  ]
	}
	``

Code	

Started streaming 1 records after 2 ms and completed after 2293 ms.

图 5-2　访问远程 Neo4j 数据库

5.8.5　过程定义 – apoc.bolt.load

apoc.bolt.load()过程与 apoc.bolt.execute()的调用方式完全一致，唯一的区别是 load()过程只能执行只读的查询操作。

5.9　从 JDBC 源导入数据

5.9.1　概述

APOC 提供的 JDBC 相关过程支持从 JDBC 访问的数据源中提取数据，并加载到 Neo4j 中。通过 JDBC 驱动执行查询得到的结果，以记录流的方式返回（如果 JDBC 数据源支持流模式）。APOC 也支持对远端数据库的更新操作。

JDBC 相关过程如表 5-26 所示。

表 5-26　JDBC 相关过程

过程名	调用接口	说明
apoc.load.driver	apoc.load.driver(driverClassName)	加载/注册 JDBC 驱动
apoc.load.jdbc	apoc.load.jdbc(　url, statement, params, config) YIELD row	执行 SQL 查询。查询可以是表名，或者 SQL 语句
apoc.load.jdbcUpdate	apoc.load.jdbcUpdate(　url,statement, [params],config)　YIELD row	执行 SQL 更新。更新对象可以是表名，或者 SQL 语句

apoc.model.jdbc	apoc.model.jdbc(
	　url, { schema:'<schema>',
	　　　　write: <true/false>,
	　　　　filters: {
	　　　　　tables:[], views: [], columns: []
	　　　　}
	) YIELD nodes, relationships
		读取数据库的元数据

访问 JDBC 数据源可以通过 URL，也可以在配置文件中预先定义 JDBC 数据源，然后在过程中直接引用数据源的名称。

neo4j.conf	`#　定义 MySQL 数据库。`
	`#　使用名称访问数据源：CALL apoc.load.jdbc('mySQLDB','TABLE')`
	`apoc.jdbc.mySQLDB.url= jdbc:mysql://mysqlhost:3306/`
	`database?user=user&password=pass`

除了 Derby 的 JDBC 驱动已经包含在 JDK 中，其他数据源需要下载并将 JDBC 驱动相关文件复制到<NEO4J_HOME>/plugins 目录下。

连接数据库使用的登录信息有两种方式传递：

（1）作为 JDBC 连接串的参数，例如：jdbc:derby:derbyDB;user=apoc;password=Ap0c。

（2）作为过程的参 5 数，例如：

```
CALL apoc.load.jdbc('jdbc:derby:derbyDB',PERSON',[],{credentials:
{user:'apoc',password:'Ap0c'}})
```

JDBC URL 和驱动一览如表 5-27 所示。

表 5-27　JDBC URL 和驱动一览表

数据库	驱动名称	JDBC-URL	驱动下载地址
MySQL	com.mysql.jdbc.Driver	jdbc:mysql://<hostname>:<port/3306>/<database>?user=<user>&password=<pass>	http://dev.mysql.com/downloads/connector/j/
Postgres	org.postgresql.Driver	jdbc:postgresql://<hostname>/<database>?user=<user>&password=<pass>	https://jdbc.postgresql.org/download.html

（续表）

数据库	驱动名称	JDBC-URL	驱动下载地址
Oracle	oracle.jdbc.driver.Oracle Driver	jdbc:oracle:thin:<user>/<pass>@<host>:<port>/<service_name>	http://www.oracle.com/technetwork/database/features/jdbc/index.html
MS SQLServer	com.microsoft.sqlserver.jdbc.SQLServerDriver	jdbc:sqlserver://;servername=<servername>;databaseName=<database>;user=<user>;password=<pass>	https://www.microsoft.com/en-us/download/details.aspx?id=11774
IBM DB2	COM.ibm.db2.jdbc.net.DB2Driver	jdbc:db2://<host>:<port/5021>/<database>:user=<user>;password=<pass>;	http://www-01.ibm.com/support/docview.wss?uid=swg21363866
Derby	org.apache.derby.jdbc	jdbc:derby:derbyDB	Included in JDK6-8
Cassandra	com.github.adejanovski.cassandra.jdbc.Cassandra Driver	jdbc:cassandra://<host>:<port/9042>/<database>	https://github.com/adejanovski/cassandra-jdbc-wrapper#installing
SAP Hana	com.sap.db.jdbc.Driver	jdbc:sap://<host>:<port/39015>/?user=<user>&password=<pass>	https://www.sap.com/developer/topics/sap-hana-express.html
Apache Hive (w/ Kerberos)	org.apache.hive.jdbc.HiveDriver	jdbc:hive2://username%40krb-realm:password@hostname:10000/default;principal=hive/hostname@krb-realm;auth=kerberos;kerberosAuthType=fromSubject	https://cwiki.apache.org/confluence/display/Hive/HiveServer2+Clients#HiveServer2Clients-JDBC

5.9.2　过程定义 – apoc.load.driver

5.9.3　过程调用接口 – apoc.load.driver

过程接口	CALL apoc.load.driver(driverClassName)

apoc.load.driver 过程参数如表 5-28 所示。

表 5-28　apoc.load.driver 过程参数

参数名	类型	默认值	可为空？	说明
driverClassName	字符串	无	否	JDBC 驱动的类名

5.9.4　过程定义 – apoc.load.jdbc

5.9.5　过程调用接口 – apoc.load.jdbc

```
// 执行只读查询并返回结果
CALL apoc.load.jdbc(
  url, statement, params, config
) YIELD row
```

apoc.load.jdbc 过程参数如表 5-29 所示。

表 5-29　apoc.load.jdbc 过程参数

参数名	类型	默认值	可为空？	说明
url	字符串	无	否	JDBC 数据源 URL 或名称
statement	字符串	无	否	要执行的 SQL 查询，或者是数据源中的表名
params	数组	{}	是	SQL 中的查询参数
config	映射（Map）	{}	是	配置选项，取值参见本表下面各行的说明
timezone	字符串	NULL	是	默认的时区设置
credentials	映射（Map）	{}	是	提供连接的用户名和口令，格式： { user:'user', 　　password: 'password' }

5.9.6　示例 – apoc.load.jdbc

```
// 5.9(1) 注册 MySQL 数据库驱动。
//
CALL apoc.load.driver("com.mysql.jdbc.Driver");

// 5.9(2) 连接到远程 MySQL 数据库，读取 PRODUCTS 表中记录并返回结果总数。
//
WITH "jdbc:mysql://localhost:3306/northwind?user=root" AS url
```

```
CALL apoc.load.jdbc(url,"PRODUCTS") YIELD row
RETURN count(*);

// 5.9(3) 连接到远程 MySQL 数据库, 运行带参数的查询并返回结果。

WITH "select firstname, lastname from employees where firstname like ?
and lastname like ?" AS sql
CALL apoc.load.jdbcParams(
  "northwind", sql, ['Frank%', '%th']
) YIELD row
RETURN row

// 5.9(4) 使用批次/多事务提交方式读取远程 JDBC 数据源内容,
//           并更新本地图数据库。

CALL apoc.periodic.iterate(
  'CALL apoc.load.jdbc(
    "jdbc:mysql://localhost:3306/northwind?user=root",
    "company")',
  'CREATE (p:Person) SET p += row,
  {batchSize:10000, parallel:true}
) YIELD batches, total
RETURN batches, total
```

5.9.7　过程定义 – apoc.load.jdbcUpdate

5.9.8　过程调用接口 – apoc.load.jdbcUpdate

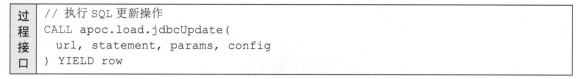

apoc.load.jdbcUpdate 过程参数如表 5-30 所示。

表 5-30　apoc.load.jdbcUpdate 过程参数

参数名	类型	默认值	可为空?	说明
url	字符串	无	否	JDBC 数据源 URL 或名称
statement	字符串	无	否	要执行的 SQL 查询, 或者是数据源中的表名
params	数组	{}	是	SQL 中的查询参数

（续表）

参数名	类型	默认值	可为空？	说明
config	映射（Map）	{}	是	配置选项，取值参见本表下面各行的说明
timezone	字符串	NULL	是	默认的时区设置
credentials	映射（Map）	{}	是	提供连接的用户名和口令，格式： credentials: { user:'user', password: 'password' }

5.9.9　示例 – apoc.load.jdbcUpdate

```
// 5.9(5) 执行本地查询，然后将结果写入远程 JDBC 数据库。
//        通过 param 传递 SQL 更新查询的内容。
//

MATCH (u:User)-[:BOUGHT]->(p:Product)<-[:BOUGHT]-(o:User)-[:BOUGHT]-
>(reco)
WHERE u <> o AND NOT (u)-[:BOUGHT]->(reco)
WITH u, reco, count(*) AS score
WHERE score > 1000
CALL apoc.load.jdbcUpdate(
  'jdbc:mysql://localhost:3306/northwind',
  'INSERT INTO RECOMMENDATIONS values(?,?,?)',
  [user.id, reco.id, score],
  { timezone: "Asia/Tokyo",
    credentials: {
      user:'apoc',password:'Ap0c'
    }
  }
) YIELD row;
```

5.9.10　过程定义 – apoc.model.jdbc

过程　apoc.model.jdbc

√ 有向图	√ 权重图	√ 返回结果	X 更新属性	👁 低复杂度	X 并行执行

5.9.11　过程调用接口 – apoc.model.jdbc

过程接口
```
// 读取 JDBC 数据源的元数据
CALL apoc.model.jdbc(
  url, { schema:'schema',
       write: true/false,
       filters: {
```

```
            tables:[], views: [], columns: []
        }
    }
) YIELD nodes, relationships
```

apoc.model.jdbc 过程参数如表 5-31 所示。

表 5-31　apoc.model.jdbc 过程参数

参数名	类型	默认值	可为空？	说明
url	字符串	无	否	JDBC 数据源 URL 或名称
{config}	映射（Map）	{}	是	配置选项，取值参见本表下面各行的说明
credentials	映射（Map）	{}	是	提供连接的用户名和口令，格式： credentials: { user:'user', 　　password: 'password' }
schema	字符串	NULL	是	数据源的模式名
write	布尔值	false	是	是否将元数据写入本地图数据库
filter	映射（Map）	NULL	是	（排除的）筛选条件，其内容为三个键-字符串数组对： - tables:[表名正则表达式] - views: [视图名正则表达式] - columns: [列名正则表达式]

5.9.12　示例 – apoc.model.jdbc

```
// 5.9(6) 连接到远端 JDBC 数据源，读取 test 数据库/模式的元数据。
//        这里使用 PostgreSQL 数据源，数据库名 mydb，默认用户名密码。

CALL apoc.model.jdbc(
  ' jdbc:postgresql://localhost/mydb',
  { schema: 'public'}
) YIELD nodes, relationships
RETURN *
```

示例 5.9(6)的返回结果如图 5-3 所示。数据库模式、表、字段都作为节点返回，它们之间有关系连接。

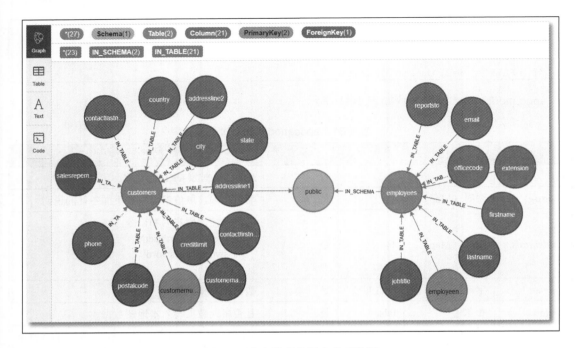

图 5-3　读取关系数据库的元数据

第 6 章

◀ 图重构 ▶

APOC 的图重构（Refactoring）过程提供对图中节点、关系和属性的转换、合并、复制等功能。

6.1 图重构概述

图重构过程如表 6-1 所示。

表 6-1 图重构过程

过程名	调用接口	说明
refactor.cloneNodes	CALL apoc.refactor.cloneNodes(　　[node1,node2,…])	克隆节点及其标签和属性
refactor.cloneNodesWith Relationships	CALL apoc.refactor.cloneNodesWithRelationships(　　[node1,node2,…])	克隆节点及其标签，属性和关系
refactor.cloneSubgraph	CALL　apoc.refactor.cloneSubgraph(　　[node1,node2,…], 　　[rel1,rel2,…]=[], 　　{ standinNodes:[[oldNode1, 　　　　standinNode1], …], 　　　　skipProperties:[prop1, prop2, …]}={}) YIELD input, output, error	克隆节点及其标签和属性（可在参数 skipProperties 中指定忽略的属性列表），并克隆给定的关系（仅存在于克隆节点之间）
refactor.clone SubgraphFromPaths	CALL apoc.refactor.cloneSubgraphFromPaths(　　[path1,path2,…], 　　{ standinNodes:[　　　　[oldNode1,standinNode1], 　　　　… 　　　], 　　　skipProperties:[prop1, prop2, …] 　　}={}) YIELD input, output, error	从给定路径包含的子图，克隆节点及其标签和属性（可在参数 skipProperties 中指定忽略的属性列表），并克隆给定的关系（仅存在于克隆节点之间）

（续表）

过程名	调用接口	说明
refactor. mergeNodes	CALL apoc.refactor.mergeNodes([node1,node2])	将节点列表合并到第一个节点

refactor.merge
Relationships
	CALL apoc.refactor.mergeRelationships(
	    [rel1,rel2,…],
	    {config}
	)
		将关系列表合并到第一个关系

refactor.to	CALL apoc.refactor.to(rel, endNode)	重定向关系到新的终端节点
refactor.from	CALL apoc.refactor.from(rel, startNode)	重定向关系到新的起始节点
refactor.invert	CALL apoc.refactor.invert(rel)	反转关系方向
refactor.setType	CALL apoc.refactor.setType(rel, 'NEW-TYPE')	改变关系类型

refactor.
extractNode
	CALL apoc.refactor.extractNode(
	    [rel1,rel2,…],
	    [labels],
	    'OUT', 'IN'
	)
		从关系中提取节点

refactor.
collapseNode
	CALL apoc.refactor.collapseNode(
	    [node1,node2],
	    'TYPE'
	)
		将包含两个关系的节点合并成一个节点，仅含一个关系的节点则转换成自我关系

refactor.normalizeAs
Boolean
	CALL apoc.refactor.normalizeAsBoolean(
	    entity,
	    propertyKey,
	    true_values,
	    false_values
	)
		将属性规范化/转换为布尔值

refactor. categorize	CALL apoc.refactor.categorize(node, propertyKey, type, outgoing, label)	将属性 propertyKey 的唯一值转换为类别节点并建立到新节点的关系

6.2 克隆节点

6.2.1 定义

克隆节点及其所有属性到新节点。被克隆节点的关系在默认情况下则不被复制。

6.2.2　过程概述

6.2.3　过程调用接口 – apoc.refactor.cloneNodes

```
CALL apoc.refactor.cloneNodes(
    nodes [node1, node2, …],
    withRelationships,
    skipProperties
)
YIELD input,output
```

apoc.refactor.cloneNodes 过程参数如表 6-2 所示。

表 6-2　apoc.refactor.cloneNodes 过程参数

参数名	类型	默认值	可为空?	说明
nodes	节点数组	无	否	待克隆节点的数组
withRelationships	布尔值	false	是	是否复制关系
skipProperties	字符串数组	[]	是	克隆节点时忽略的属性名

6.2.4　示例 – apoc.refactor.cloneNodes

```
// 6.2(1) 克隆所有"皇帝"节点
// 参数: - nodes: 节点数组

MATCH (n:'皇帝')
WITH collect(n) AS nodes
CALL apoc.refactor.cloneNodes(nodes)
YIELD input,output
RETURN *

// 6.2(2) 克隆所有"皇帝"节点及其关系
// 参数: - nodes: 节点数组

MATCH (n:'皇帝')
WITH collect(n) AS nodes
CALL apoc.refactor.cloneNodes(nodes,true)
YIELD input,output
RETURN *
```

6.3 克隆节点及其关系

6.3.1 定义

克隆节点及其所有属性和关系到新节点。该过程等同于调用 cloneNodes()过程时指定 withRelationships=true。

6.3.2 过程概述

6.3.3 过程调用接口 – apoc.refactor.cloneNodesWithRelationships

```
过程    CALL apoc.refactor.cloneNodesWithRelationships(
接口        nodes [node1, node2, …]
        )
        YIELD input,output
```

apoc.refactor.cloneNodesWithRelationships 过程参数如表 6-3 所示。

表 6-3　apoc.refactor.cloneNodesWithRelationships 过程参数

参数名	类型	默认值	可为空？	说明
nodes	节点数组	无	否	待克隆节点的数组

6.4 克隆子图

6.4.1 定义

可以使用 cloneSubgraph()和 cloneSubraphFromPaths()克隆由节点列表、关系列表或路径列表定义的子图。如果未在过程调用时指定关系，则将克隆给定节点之间的所有关系。

在配置选项{configuration}中，可以提供一个"接入节点（standinNodes）列表"，该列表包含节点对的集合，指定图中的某些现有节点可以充当克隆子图中其他节点的"接入节点"(standinNodes)。接入节点会与克隆后子图中指定的节点建立关系。

6.4.2　过程概述

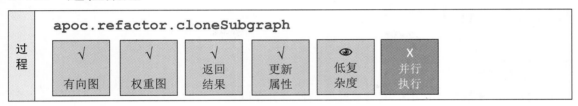

6.4.3　过程调用接口 – apoc.refactor.cloneSubgraph

```
CALL apoc.refactor.cloneSubgraph (
    nodes [node1, node2, …],
    rels [rel1, rel2, …]:[],
    { standinNodes:[],
      skipProperties:[]
    }
)
YIELD input,output,error
```

apoc.refactor.cloneSubgraph 过程参数如表 6-4 所示。

表 6-4　apoc.refactor.cloneSubgraph 过程参数

参数名	类型	默认值	可为空？	说明
nodes	节点数组	无	否	待克隆节点的数组
rels	关系数组	无	是	待克隆的关系数组
{configurations}	映射（Map）	NULL	是	配置选项。参见本表下面各行的说明
standinNodes	节点数组	[]	是	接入节点数组
skipProperties	字符串数组	[]	是	克隆节点时忽略的属性名

6.4.4　示例 – apoc.refactor.cloneSubgraph

```
// 6.4(1) 克隆三国关系图中所有通过"关系"关系连接的节点,
//         但是不复制"对手"关系, 以及相关节点。

MATCH (a:人物) -[r:关系]-> (b:人物)
WITH collect(a) + collect(b) AS nodes,
    collect(r) AS relationships
CALL apoc.refactor.cloneSubgraph(
    nodes,
    [rel in relationships WHERE rel.relationship <> '对手'],
    {})
YIELD input, output, error
RETURN input, output, error
```

6.5 合并节点

6.5.1 定义

根据指定规则合并数组中的节点及其属性，并删除被合并的节点。

6.5.2 过程概述

6.5.3 过程调用接口 – apoc.refactor.mergeNodes

```
// 合并节点
CALL apoc.refactor.mergeNodes(
    nodes [node1, node2, …],
    { configurations }
)
YIELD node
```

apoc.refactor.mergeNodes 过程参数如表 6-5 所示。

表 6-5 apoc.refactor.mergeNodes 过程参数

参数名	类型	默认值	可为空?	说明
nodes	节点数组	无	否	待合并节点的数组
{configurations}				
properties	映射（Map）	{}	是	定义每个属性的复制方式： - discard：使用数组中第一个节点的本属性，后续节点的相同属性则不复制 - combine：把属性值合并到数组中 - overwrite：使用数组中最后一个节点的属性值
mergeRels	布尔值	false	是	是否合并关系。当为 true 时在合并节点时也会合并重复关系。参见 mergeRelationships()过程

6.5.4 示例 – apoc.refactor.mergeNodes

假设我们有下面的样例数据：其中代表"刘备"的 4 个节点有不同的属性和值。

"id"	"n"
0	{"name":"刘备"}
56	{"name":"刘备","title":"左将军"}
57	{"name":"刘备","genre":"男","title":"皇叔"}
58	{"name":"刘备","genre":"男"}

```cypher
// 6.5(1) 合并所有"刘备"节点
// 参数：- nodes：代表"刘备"的节点数组
//      - properties：
//        - name 属性：仅保留第一节点的该属性
//        - genre 属性：使用后面节点的该属性替换
//        - title 属性：把所有节点的该属性合并到字符串数组

MATCH (n:'皇帝'{name:'刘备'})
WITH n ORDER BY size(keys(n)) DESC
WITH collect(n) AS nodes
CALL apoc.refactor.mergeNodes(
   nodes,
   { properties:
      { name:'discard', genre:'overwrite', title:'combine'}
   }
) YIELD node
RETURN node
```

6.6 合并关系

6.6.1　定义

根据指定规则合并数组中的关系及其属性，并删除被合并的关系。

6.6.2　过程概述

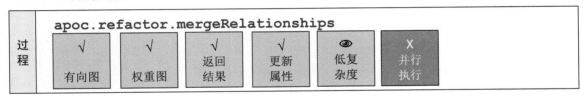

6.6.3　过程调用接口 – apoc.refactor.mergeRelationships

过程接口	```
	// 合并关系
	CALL **apoc.refactor.mergeRelationships** (
	    rels [rel1, rel2, …],
	    { configurations }
	)
	YIELD node
	``

apoc.refactor.mergeRelationships 过程参数如表 6-6 所示。

表 6-6　apoc.refactor.mergeRelationships 过程参数

参数名	类型	默认值	可为空？	说明
rels	关系数组	无	否	待合并关系的数组
{configurations}				
properties	映射（Map）	{}	是	定义每个属性的复制方式： - discard：使用数组中第一个关系的本属性，后续关系的相同属性则不复制 - combine：把属性值合并到数组 - overwrite：使用数组中最后一个关系的属性值

6.6.4　示例 – apoc.refactor.mergeRelationships

假设我们有下面的样例数据：其中代表"刘备"的 4 个节点有不同的属性和值。

CYPHER	``` // 6.6(1) 返回"刘备"节点和其他节点之间的所有关系。 // 上节中合并节点后"刘备"与其他节点之间有重复关系。 MATCH (n: '皇帝'{name:'刘备'}) -[r]- (n2) WITH n,n2,collect(id(r)) AS rels RETURN * // 6.6(2) 在6.6(1)查询结果的基础上合并重复关系 MATCH (n:'皇帝'{name:'刘备'}) -[r]- (n2) WITH n,n2,collect(r) AS rels CALL apoc.refactor.mergeRelationships(rels) YIELD rel RETURN n,n2,rel ```

6.7 重定向关系

6.7.1 定义

将指定关系重定向到新的节点。新的节点可以是被重定向关系的起始节点（使用 refactor.from()），也可以是终止节点（使用 refactor.to()）。

6.7.2 过程概述

6.7.3 过程调用接口 – apoc.refactor.from

```
CALL apoc.refactor.from(
    relationship,
    startNode
)
YIELD input, output

CALL apoc.refactor.to(
    relationship,
    endNode
)
YIELD input, output
```

apoc.refactor.from 过程参数如表 6-7 所示。

表 6-7　apoc.refactor.from 过程参数

参数名	类型	默认值	可为空?	说明
relationship	关系对象	无	否	待重定向的关系
startNode	节点对象	无	否	关系的起始节点
endNode	节点对象	无	否	关系的目标节点

6.7.4　示例 – apoc.refactor.from

```cypher
// 6.7(1) 创建新节点"马超"，并将其与"刘禅"关联

CREATE  (n:武将{name:'马超'})
MERGE  (n) <-[:主公]- (n1:皇帝{name:'刘禅'})
RETURN *



// 6.7(2) 将马超的主公重定向到刘备

MATCH  (n:武将{name:'马超'}) <-[r:主公]- (n1:皇帝),
       (n2:皇帝{name:'刘备'})
CALL apoc.refactor.from(r,n2)
YIELD input, output
RETURN *

// 6.7(3) 现在我们有一个新的"马超"节点，该节点有姓名和性别两个属性

CREATE  (n:武将{name:'马超',genre:'男'})
RETURN *

// 6.7(4) 将(刘备)-[:主公]->(马超)关系重定向到新马超节点
//        使用对 genre 属性存在性的判断结果作为筛选条件

MATCH  (n:武将{name:'马超'})
WHERE NOT n.genre IS NULL
MATCH  (n1:皇帝{name:'刘备'}) -[r:主公]-> (n2:武将{name:'马超'})
WITH  r,n
CALL apoc.refactor.to(r,n)
RETURN *
```

6.8　反转关系

6.8.1　定义

反转关系改变给定关系的方向。（提示：在 Neo4j 中，关系必须有方向。）

6.8.2　过程概述

6.8.3　过程调用接口 – apoc.refactor.invert

<table>
<tr><td rowspan="6">过程接口</td><td>

```
// 反转关系
CALL apoc.refactor.invert(
    relationship
)
YIELD input,output
```

</td></tr>
</table>

apoc.refactor.invert 过程参数如表 6-8 所示。

表 6-8　apoc.refactor.invert 过程参数

参数名	类型	默认值	可为空？	说明
relationship	关系对象	无	否	待改变方向的关系

6.8.4　示例 – apoc.refactor.invert

```
// 6.8(1) 改变刘备和刘禅之间父子关系的方向
// 参数: - relationship

MATCH (n1:人物{name:'刘备'}) -[r:父子]-> (n2:人物{name:'刘禅'})
WITH r
CALL apoc.refactor.invert(r)
YIELD input,output
RETURN *

// 6.8(2) 再次改变刘备和刘禅之间父子关系的方向
// 参数: - relationship

MATCH (n1:人物{name:'刘备'}) <-[r:父子]- (n2:人物{name:'刘禅'})
WITH r
CALL apoc.refactor.invert(r)
YIELD input,output
RETURN *
```

在 6.8(1)和 6.8(2)中，原先"刘备"和"刘禅"之间的关系的内部 ID 是 59（由于内部 ID 是数据库分配的，在读者的数据库中可能有不同的取值），在 6.8(1)执行完之后，他们之间的关系 ID 变成一个新值；在 6.8(2)执行完成后又变成一个不同的值，因此关系的反转是通过创建新关系并删除旧关系实现的。

6.9　设置关系类型

6.9.1　定义

改变关系类型/名称，关系的现有属性不受影响。

6.9.2　过程概述

6.9.3　过程调用接口 – apoc.refactor.setType

```
// 设置关系类型
CALL apoc.refactor.setType(
    relationship,
    newType
)
YIELD input,output
```

apoc.refactor.setType 过程参数如表 6-9 所示。

表 6-9　apoc.refactor.setType 过程参数

参数名	类型	默认值	可为空？	说明
relationship	关系对象	无	否	待修改的关系
newType	字符串	无	否	新的关系类型名

6.9.4　示例 – apoc.refactor.setType

```
// 6.9(1) 修改刘备和关羽之间的关系类型为"大哥"。

MATCH (n1:人物{name:'刘备'}) -[r]-> (n2:人物{name:'关羽'})
CALL apoc.refactor.setType(r,'大哥')
YIELD input, output
RETURN *
```

6.10　将关系转换成节点

6.10.1　定义

可以将指定关系转换成节点，并在关系的原起始节点和新节点以及终止节点和新节点之间使用新的关系相连接。被转换的关系的属性则成为新节点的属性。

6.10.2　过程概述

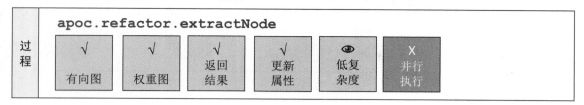

6.10.3　过程调用接口 – apoc.refactor.extractNode

```
// 将关系转换成节点
CALL apoc.refactor.extractNode(
    rels [rel1, rel2, …],
    labels [label1, label2, …],
    outType,
    inType
)
YIELD input,output
```

apoc.refactor.extractNode 过程参数如表 6-10 所示。

表 6-10　apoc.refactor.extractNode 过程参数

参数名	类型	默认值	可为空？	说明
rels	关系数组	无	否	待转换关系的数组
labels	字符串数组	无	否	创建的新节点的标签名数组
outType	字符串	无	否	从新节点到（被转换关系的）终止节点之间会创建新关系，这个参数定义新关系的类型名
inType	字符串	无	否	从（被转换关系的）起始节点到新节点之间会创建新关系，这个参数定义新关系的类型名

6.10.4　示例 – apoc.refactor.extractNode

```
// 6.10(1) 将 (:"皇帝") -[:建立]-> (:"朝代") 关系转换成:
//         (:"皇帝") -[:参与]-> (:"事件") -[:关于]-> (:"朝代")
//         复制"建立"关系的属性到新节点，并增加新属性 name="改朝换代"

MATCH (n1:皇帝) -[r:建立]-> (n2:朝代)
WITH collect(r) AS rels
CALL apoc.refactor.extractNode(rels,['事件'],'关于','参与') YIELD input,
output
WITH output
SET output.name = '改朝换代'
RETURN *
```

上述过程的执行结果如图 6-1 所示。

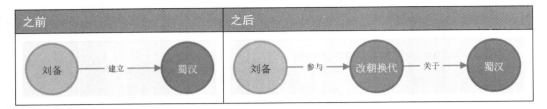

图 6-1　将关系转换成节点

6.11　将节点转换为关系

6.11.1　定义

将节点转换为关系，其所有属性成为关系的属性。转换之前与该节点通过进入关系（INCOMING）相连的节点，以及通过流出关系（OUTGOING）相连的节点之间用新关系连接。

如果没有与该节点相连（包括流入或流出关系）的其他节点，那么过程不执行任何操作。

6.11.2　过程概述

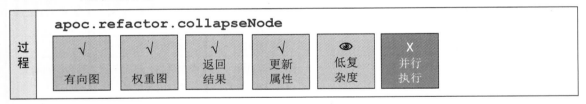

6.11.3　过程调用接口 – apoc.refactor.collapseNode

```
// 将节点转换成关系
CALL apoc.refactor.collapseNode (
    nodeId,
    relationshipType
)
YIELD input,output
```

apoc.refactor.collapseNode 过程参数如表 6-11 所示。

表 6-11　apoc.refactor.collapseNode 过程参数

参数名	类型	默认值	可为空？	说明
nodeId	LONG	无	否	待转换节点的数据库 ID
relationshipType	字符串	无	否	创建关系的类型名

6.11.4　示例 – apoc.refactor.cloneNodes

```cypher
// 6.11(1) 将"改朝换代"节点转换成"建立"关系
MATCH (e:事件)
WHERE e.name = '改朝换代'
WITH id(e) AS id
CALL apoc.refactor.collapseNode(id, '建立')
YIELD input, output
RETURN *
```

上述过程的执行结果如图 6-2 所示。

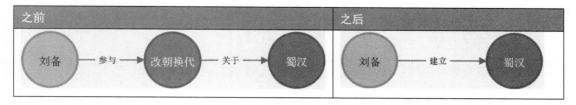

图 6-2　将节点转换成关系

6.12　标准化为布尔值

6.12.1　定义

有时我们需要将属性值标准化为布尔值 True 和 False，例如如果值为"YES"或"Y"，那么就转换成 True；如果"No"或者"N"，那么就转换成 False，其他的均为 NULL。normalizeAsBoolean()过程可以实现这样的功能。

6.12.2　过程概述

6.12.3　过程调用接口 – apoc.refactor.normalizeAsBoolean

```
CALL apoc.refactor.normalizeAsBoolean (
    entity,
    propertyKey,
    true_values,
    false_values
)
```

apoc.refactor.normalizeAsBoolean 过程参数如表 6-12 所示。

表 6-12　apoc.refactor.normalizeAsBoolean 过程参数

参数名	类型	默认值	可为空？	说明
entity	对象	无	否	节点对象
propertyKey	字符串	无	否	属性名称
true_values	值数组	无	否	所有需要转换成 true 的属性值
false_values	值数组	无	否	所有需要转换成 false 的属性值

6.12.4　示例 – apoc.refactor.normalizeAsBoolean

以下例子标准化节点的属性：

```
// 6.12(1) 设置"朝代"节点的 type 属性
//        - "西晋"：帝国
//        - 其他：王国

MATCH (d:朝代{name:'西晋'})
SET d.type = '帝国'

// 6.12(2) 设置"朝代"节点的 type 属性
//        - 其他：王国

MATCH (d:朝代{name:'西晋'})
WHERE NOT exists(d.type)
SET d.type = '王国'

// 6.12(3) 将"朝代"节点的 type 属性标准化为布尔值
//        - 帝国: true
//        - 王国: false
//        - 其他: NULL

MATCH (d:朝代)
WITH d
CALL apoc.refactor.normalizeAsBoolean(
  d,'type',['帝国'],['王国']
)
RETURN n
```

以下例子标准化关系的属性：

```
// 6.12(4) 设置刘、关、张的"兄长"关系的 type 属性为"结拜"

MATCH (n:人物) -[r:兄长]-> (n1)
WHERE n.name IN ['刘备','关羽']
SET r.type = '结拜'

// 6.12(5) 设置曹丕、曹植的"兄长"关系的 type 属性为"血缘"
```

```
MATCH (n:人物) -[r:兄长]-> (n1)
WHERE n.name IN ['曹丕']
SET r.type = '血缘'

// 6.12(6) 将 "兄长" 关系的 type 属性标准化为布尔值
//        - 血缘：true
//        - 结拜：false
//        - 其他：NULL

MATCH (n1:人物) -[r:兄长]-> (n2:人物)
WITH r
CALL apoc.refactor.normalizeAsBoolean(
    r,'type',['血缘'],['结拜']
)
RETURN *
```

6.13　分类

6.13.1　定义

分类过程针对数据库中所有节点的指定属性，对每个唯一属性值建立新类别节点，并创建新关系连接节点到这些类别节点。

6.13.2　过程概述

6.13.3　过程调用接口 – apoc.refactor.categorize

```
// 对节点进行分类
CALL apoc.refactor.categorize(
    sourceKey,
    type,
    outgoing,
    label,
    targetKey,
    copiedKeys,
    batchSize
)
```

apoc.refactor.categorize 过程参数如表 6-13 所示。

表 6-13　apoc.refactor.categorize 过程参数

参数名	类型	默认值	可为空？	说明
sourceKey	字符串	无	否	包含数组类型值的属性名
type	字符串	无	否	连接原节点和类别节点的关系类型
outgoing	布尔值	无	否	新关系的方向：为 true 表示从原节点到类别节点；为 false 则反之
label	字符串	无	否	类别节点的标签名
targetKey	字符串	无	否	保存数组元素值的类别节点属性名称
copiedKeys	字符串数组	无	否	需要转移到新的类别节点的属性名数组
batchSize	正整数	无	否	更新事务的批次大小

6.13.4　示例 – apoc.refactor.categorize

```cypher
// 6.13(1) 为刘备和马超添加 title 属性，且属性值为 "左将军"

MATCH (n:'武将')
WHERE n.name IN ['刘备','马超']
SET n.title = '左将军'
RETURN n

// 6.13(2) 将 title 属性转换成新的 "职位" 节点，并创建 "担任" 关系

CALL apoc.refactor.categorize(
    'title','任职',true,'职位','name',[],1
)
```

上述过程的执行结果如图 6-3 所示。

图 6-3　对节点按照属性值进行分类

6.14　重命名

6.14.1　定义

重命名标签、关系类型、节点和关系属性的过程。用户应该注意的是，这些过程会返回最终受影响的约束和索引的列表。索引和限制在改名后不会自动使用新名称，因此必须被删除并重建。改名相关的过程如表 6-14 所示。

表 6-14　重命名相关过程

过程名	说明
apoc.refactor.rename.label (oldLabel, newLabel, [nodes])	为所有节点重命名标签：从"oldLabel"到"newLabel"。如果提供[nodes]，则仅将重命名应用于此节点集合
apoc.refactor.rename.type (oldType, newType, [rels])	将类型为"oldType"的所有关系重命名为"newType"。如果提供[rels]，则仅将重命名应用于此关系集合
apoc.refactor.rename.nodeProperty (oldName, newName, [nodes])	将所有节点的属性从"oldName"重命名为"newname"。如果提供[nodes]，则仅将重命名应用于此节点集合
apoc.refactor.rename.typeProperty (oldName, newName, [rels])	将所有关系的属性从"oldName"重命名为"newname"。如果提供[rels]，则仅将重命名应用于此关系集合

6.14.2　过程概述

6.14.3　示例 – apoc.refactor.rename.nodeProperty

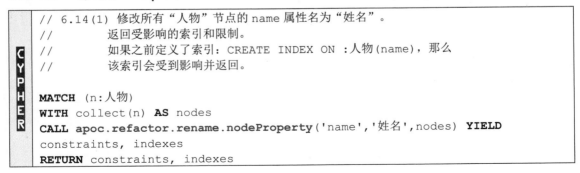

```
// 6.14(1) 修改所有"人物"节点的 name 属性名为"姓名"。
//        返回受影响的索引和限制。
//        如果之前定义了索引：CREATE INDEX ON :人物(name)，那么
//        该索引会受到影响并返回。

MATCH (n:人物)
WITH collect(n) AS nodes
CALL apoc.refactor.rename.nodeProperty('name','姓名',nodes) YIELD
constraints, indexes
RETURN constraints, indexes
```

 重要技巧	更改标签、关系类型、节点或关系的属性名称等操作都属于"数据库模式"的变动，建议在更改的前后检查受影响的索引、限制、触发器（参见后续章节）。通常都需要通过删除（使用 DROP 命令）、重定义和重建来更新它们。

第 7 章

◀ 数据库运维 ▶

APOC 提供创建和管理触发器、关系属性索引的过程，并支持查看数据库的元模型和运行状况等管理员特性。

7.1 数据库运维概述

数据库运维相关过程/函数如表 7-1 所示。

表 7-1　数据库运维相关过程/函数

函数/过程名	调用接口	说明
apoc.meta.graphSample	CALL apoc.meta.graphSample()	收集数据库统计信息并构建元图，非常快、会报告额外的关系
apoc.meta.graph	CALL apoc.meta.graph	收集数据库统计信息以创建元图，通过抽样过滤额外的关系
apoc.meta.subGraph	CALL apoc.meta.subGraph ({labels:[labels], rels:[rel-types],excludes: [label,rel-type,…]})	收集给定子图统计信息并创建元图
apoc.meta.data	CALL apoc.meta.data	收集图的元数据并以表格形式返回
apoc.meta.schema	CALL apoc.meta.schema	收集图的元数据并以映射形式返回
apoc.meta.stats	CALL apoc.meta.stats yield labelCount, relTypeCount, propertyKeyCount, nodeCount, relCount, labels, relTypes, stats	返回保存事务执行统计信息
apoc.meta.cypher.type	apoc.meta.cypher.type(value)	类型名称，取值：INTEGER,FLOAT, STRING,BOOLEAN,RELATIONSHIP, NODE,PATH,NULL,MAP,LIST OF TYPE,POINT,DATE,DATE_TIME, LOCAL_TIME, LOCAL_DATE_TIME, TIME,DURATION
apoc.meta.cypher.isType	apoc.meta.cypher.isType(value, type)	如果类型名称匹配则返回 true，否则返回 none
apoc.meta.cypher.types	apoc.meta.cypher.types（节点或关系或映射）	返回属性到它们类型的映射

函数/过程名	调用接口	说明
apoc.monitor.ids	apoc.monitor.ids	节点和关系使用的 ID
apoc.monitor.kernel	apoc.monitor.kernel	返回存储内核版本、开始时间、运行方式、数据库名称、日志版本等信息
apoc.monitor.store	apoc.monitor.store	返回存储不同类型数据的文件大小信息
apoc.monitor.tx	apoc.monitor.tx	返回事务总数，包括打开、已提交、并发、回滚的事务 id
apoc.monitor.locks	apoc.monitor.locks(minWaitTime long)	返回数据库中写入锁相关信息，包括 avertedDeadLocks, lockCount, contendedLockCount and contendedLocks 等（企业版特性）

apoc.schema.assert	apoc.schema.assert(
	  {indexLabel:[indexKeys],…},
	
	  {constraintLabel:[constraintKeys], …},
	  dropExisting : true
	) yield label, key, unique, action
		当 dropExisting:true（默认值）时，删除（DROP）指定的索引和约束。索引和约束按照"标签:属性"对来标识。

apoc.schema.nodes	apoc.schema.nodes([config]) yield name, label, properties, status, type	获取数据库中所有节点标签的所有索引和约束信息，在可选的配置参数中可以定义一组标签以包含或排除。
apoc.schema.relationships	apoc.schema.relationships([config]) yield name, type, properties, status	返回数据库中所有关系类型的所有约束信息，在可选的 config param 中可以定义一组要包含或排除的类型
apoc.schema.node.constraintExists	apoc.schema.node.constraintExists(labelName, properties)	返回节点上的存在性约束
Neo.schema.relationship.constraintExists	apoc.schema.relationship.constraintExists(type, properties)	返回关系上的存在性约束
apoc.trigger.add	CALL apoc.trigger.add(name, statement, selector) yield name, statement, installed	添加一个命名的触发器及其执行的语句，语句可以使用在 {createdNodes}，{deletedNodes} 等操作中，选择器是 {phase: 'before / after / rollback'}。返回上一个触发器的信息和新触发器的信息
apoc.trigger.remove	CALL apoc.trigger.remove(name) yield name, statement, installed	删除以前添加的触发器，返回触发器信息
apoc.trigger.removeAll	CALL apoc.trigger.removeAll() yield name, statement, installed	删除所有先前添加的触发器，返回触发器信息
apoc.trigger.list	CALL apoc.trigger.list() yield name, statement, installed	更新并列出所有已安装的触发器

（续表）

函数/过程名	调用接口	说明
apoc.trigger.pause	CALL apoc.trigger.pause(name)	暂停触发器
apoc.trigger.resume	CALL apoc.trigger.resume(name)	恢复暂停的触发器

7.2　使用触发器

7.2.1　概述

触发器是预先保存的 Cypher 语句，这些 Cypher 语句在 Neo4j 数据库中内容变更时会自动执行。

如果要在数据库中使用触发器，则需要修改启动的配置选项：

neo4j.conf	`apoc.trigger.enabled=true`

APOC 中提供的触发器相关过程如下：

触发器过程参数如表 7-2 所示。

表 7-2　触发器过程参数

名称	调用接口	说明
apoc.trigger.add	CALL apoc.trigger.add(name, statement, selector) yield name, statement, installed	添加一个命名的触发器及其执行的语句，语句可以使用在 {createdNodes}，{deletedNodes} 等语句中，选择器是 {phase: 'before / after / rollback'}。返回上一个新触发器的信息
apoc.trigger.remove	CALL apoc.trigger.remove(name) yield name, statement, installed	删除以前添加的触发器，返回触发器信息
apoc.trigger.removeAll	CALL apoc.trigger.removeAll() yield name, statement, installed	删除所有先前添加的触发器，返回触发器信息
apoc.trigger.list	CALL apoc.trigger.list() yield name, statement, installed	更新并列出所有已安装的触发器
apoc.trigger.pause	CALL apoc.trigger.pause(name)	暂停触发器
apoc.trigger.resume	CALL apoc.trigger.resume(name)	恢复暂停的触发器

触发器在特定数据库更新事件发生时执行。下面表 7-3 是当更新发生时或之后，可以获得的与事务相关的参数。

表 7-3　触发器可以关联的特定数据库更新事件

事件名称	描述
transactionId	返回事务的 id
commitTime	以毫秒为单位返回事务时间戳
createdNodes	返回新创建的节点（节点列表）
createdRelationships	返回新创建的关系（关系列表）
deletedNodes	返回删除的节点（节点列表）
deletedRelationships	返回删除的关系（关系列表）
removedLabels	返回移除的标签（标签和节点映射列表）
removedNodeProperties	返回移除的节点属性（属性名到映射规则列表：键，旧值，新值，节点）
removedRelationshipProperties	返回移除的关系属性（属性名到映射规则列表：键，旧值，新值，节点）
assignedLabels	返回新添加的标签（标签到节点列表的映射）
assignedNodeProperties	返回新添加/赋值的节点属性（属性名到映射规则列表：键，旧值，新值，节点）
assignedRelationshipProperties	返回新添加/赋值的关系属性（属性名到映射规则列表：键，旧值，新值，节点）

另外，可以使用以下（见表 7-4）帮助函数（Helper function）通过标签、关系类型名或更新的属性键来提取更新的节点或关系对象。

表 7-4　帮助函数

函数名	说明
apoc.trigger.nodesByLabel ({assignedLabels/assignedNodeProperties}, 'Label')	根据 labelEntries 过滤标签，在 {assignedLabels} 和 {removedLabels}、{phase: 'before / after / rollback'}触发器语句中使用，返回上一个触发器的信息和新触发器的信息
apoc.trigger.propertiesByKey ({assignedNodeProperties},'key')	根据 assignedNodeProperties 过滤属性，在 {assignedNodeProperties，assignedRelationshipProperties}、{removedNodeProperties，RelationshipProperties}触发器语句中使用。返回[{old，[new]，key，node，relationship}]

7.2.2　过程概述 – apoc.trigger.add

7.2.3　过程调用接口 – apoc.trigger.add

```
过  CALL apoc.trigger.add(
程     name,
接     statement,
口     selector
   )
   YIELD name, query, selector, installed, paused
```

apoc.trigger.add 过程参数如表 7-5 所示。

表 7-5　apoc.trigger.add 过程参数

参数名	类型	默认值	可为空?	说明
name	字符串	无	否	触发器名称
statement	字符串	无	否	触发器触发时执行的 Cypher 查询
selector	映射（Map）	无	否	触发事件及相关参数定义，参见下面的内容
phase	字符串			触发事件，取值： - before：更新事务提交前 - after：更新事务提交后 - rollback：更新事务回滚后

7.2.4　示例 – apoc.trigger.add

```
// 7.2(1) 创建触发器：在人物节点更新 surname 属性后，
//         为其所有孩子节点更新相同的 surname 属性。

CALL apoc.trigger.add(
   'setSurnameForChildren',
   'UNWIND
apoc.trigger.propertiesByKey({assignedNodeProperties},"surname") as prop
WITH prop.node as n MATCH(n)-[:父子*]->(a) SET a.surname = n.surname',
   {phase:'after'}
);

// 7.2(2) 测试触发器：为曹操节点增加 surname 属性。
//         运行结果：所有从曹操出发、沿着"父子"关系可以到达的节点都
//                   自动被添加 surname 属性。

MATCH (n:人物{姓名:'曹操'})
SET n.surname = '曹'
```

上例中，'setSurnameForChildren'是唯一的触发器名。该触发器执行的 Cypher 语句如下：

```
UNWIND apoc.trigger.propertiesByKey(
  {assignedNodeProperties},"surname"
) AS prop
WITH prop.node AS n
MATCH(n)-[:父子*]->(a)
SET a.surname = n.surname
```

该触发器在节点属性 surname 被更新（assignedNodeProperties）事件发生之后执行，apoc.trigger.propertiesByKey()函数返回被更新的节点集合到 prop 变量中，然后通过 UNWIND

展开集合中每一个节点元素，找到孩子节点，然后把孩子节点的 surname 属性也赋值为更新节点的 surname 属性。

```cypher
// 7.2(3) 创建触发器：在创建文臣节点后自动增加"人物"标签。
//
CALL apoc.trigger.add(
    'assignedLabels',
    "UNWIND apoc.trigger.nodesByLabel({assignedLabels},'文臣') AS node SET
node:人物",
    {phase:'after'}
)


// 7.2(4) 测试触发器：创建"庞统"节点、并赋予"文臣"标签。
//        运行结果："庞统"会自动拥有"人物"标签。

CREATE (n:文臣{姓名:'庞统'})
```

7.3 管理索引

7.3.1 概述

从 Neo4j 3.5 以后，已经不再需要在属性上定义手工索引（Manual Index）。节点属性上的索引已经成为数据库的一部分，即数据库模式索引（Schema Index），这也包括面向长文本内容的全文索引。Neo4j 集成了 Apache Lucene 模块实现全文索引。数据库模式索引由数据库自动管理并在收据更新时自动更新。

因此，不建议再使用 APOC 的索引过程为节点和关系属性定义索引，而使用相关的数据库过程。下面表 7-6 给出常用的索引建立方法和过程。

表 7-6 常用的索引建立方法和过程

索引类型	标准操作	APOC 过程（建议不再使用）
创建索引		
节点属性 / 模式索引 / 基本类型 / 单个属性	CREATE INDEX ON :Label(property)	apoc.index.addNode
节点属性 / 全文索引 / 所有类型 / 单个属性 / 多个属性	CALL db.index.fulltext.createNodeIndex	apoc.index.addAllNode apoc.index.addNodeByLabel apoc.index.addNodeByName apoc.index.addNodeMap apoc.index.addNodeMapByName
节点属性 / 模式索引 / 基本类型 / 多个属性	CREATE INDEX ON :Label(prop1, …, propN)	

（续表）

索引类型	标准操作	APOC 过程（建议不再使用）
关系属性 / 全文索引 / 所有类型 / 单个属性 / 多个属性	CALL db.index.fulltext.createRelationshipIndex	apoc.index.addRelationship apoc.index.addRelationshipByName apoc.index.addRelationshipMap apoc.index.addRelationshipMapByName
使用索引		
节点属性索引 （单个或多个）	对建立索引的属性进行下列任何操作： - 比较：=, >, < - 字符串操作：CONTAINS, STARTS WITH, ENDS WITH - 数组：IN - 空间坐标：distance() 或者使用 USING INDEX 显式地使用索引	apoc.index.search
节点属性索引：全文索引	CALL db.index.fulltext.queryNodes (indexName, queryString)	apoc.index.nodes
关系属性索引：全文索引	CALL db.index.fulltext.queryRelationships (indexName, queryString)	apoc.index.relationships apoc.index.between apoc.index.in apoc.index.out
删除索引		
删除节点属性模式索引	DROP INDEX ON :Label(prop1,…, propN)	apoc.index.remove
删除节点属性全文索引	CALL db.index.fulltext.drop(indexName)	
删除关系属性索引	CALL db.index.fulltext.drop(indexName)	

7.4　查看元数据

7.4.1　概述

除了 Cypher 中提供的查看数据库中元数据（metadata）的命令，APOC 提供功能更强大且返回信息更丰富的元数据过程，并可视化展现数据库元数据图（metagraph）。下面表 7-7 是 APOC 中与元数据相关的过程。

表 7-7　与元数据相关的过程

过程名	功能
apoc.meta.graphSample()	收集数据库统计信息并构建元图，非常快且会报告额外的关系
apoc.meta.graph	收集数据库统计信息以创建元图，通过抽样过滤额外的关系
apoc.meta.subGraph(　{ labels:[labels], 　　rels:[rel-types], 　　excludes:[label,rel-type,…] 　})	收集给定子图统计信息并创建元图
apoc.meta.data	收集图的元数据并以表格形式返回
apoc.meta.schema	收集图的元数据并以映射形式返回
apoc.meta.stats yield labelCount, relTypeCount, propertyKeyCount, nodeCount, relCount, labels, relTypes, stats	返回保存事务执行统计信息

表 7-8 是 APOC 中与元数据相关的函数。

表 7-8　与元数据相关的函数

函数名	功能
apoc.meta.cypher.type(value)	返回一个值的类型名称。可以是： INTEGER,FLOAT,STRING,BOOLEAN,RELATIONSHIP, NODE,PATH,NULL,MAP,LIST OF <TYPE>,POINT,DATE, DATE_TIME,LOCAL_TIME,LOCAL_DATE_TIME,TIME, DURATION
apoc.meta.cypher.isType(value,type)	如果类型名称匹配则返回 true，否则返回 none
apoc.meta.cypher.types(节点或关系或映射)	返回属性名称到它们类型的映射

7.4.2　过程概述 – apoc.meta.*

7.4.3　过程调用接口 – apoc.meta.*

```
CALL apoc.meta.data
CALL apoc.meta.graph
CALL apoc.meta.graphSample
CALL apoc.meta.schema
CALL apoc.meta.stats
CALL apoc.meta.subGraph({labels:[], rels:[],excludes:[]})
```

7.4.4　示例 – apoc.meta.*

```
// 7.4(1) 显示数据库中的元图模型（见图7-1）。

CALL apoc.meta.graph
```

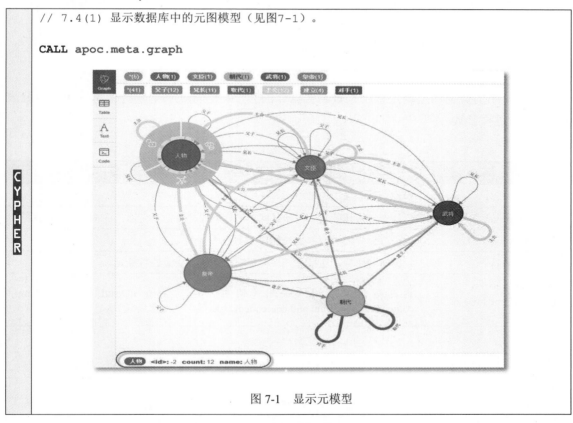

图 7-1　显示元模型

示例 7.4(1)中，返回图结构的元数据模型，其中圆圈代表标签以及标签之间存在的关系类型。单击并选择标签或者关系，可以在下部（红色方框中）的状态栏中看到相关节点和数量，或者入度和出度。

重要技巧

在 Neo4j 中，每个节点或者标签都有全局唯一的内部 ID，这是个非负的长整数，代表节点或标签在数据库存储中（分别在 nodestore 和 relationshipstore 中）的逻辑位置。可以通过内部 ID 唯一搜索到对应的节点或者关系。

在元数据模型图上，代表标签的圆圈和关系类型的线条也有 ID，但是都是负数，这是因为这些对象是数据库模式定义而非真正的数据，因此没有实际存储在数据库中。这些对象不能通过负数的 ID 来搜索到。

```
// 7.4(2) 显示数据库中的统计信息。

CALL apoc.meta.data
```

7.5 数据库监控

7.5.1 概述

APOC 中的数据库监控过程用来查询数据库的大小、运行状态等实时信息。主要包括表 7-9 所示的过程参数。

表 7-9 数据库监控过程

过程名	功能
apoc.monitor.ids	节点和关系使用的 ID
apoc.monitor.kernel	返回存储内核版本、开始时间、运行方式、数据库名称、日志版本等信息
apoc.monitor.store	返回存储不同类型数据的文件大小信息
apoc.monitor.tx	返回事务总数，包括打开、已提交、并发、回滚的事务 id
apoc.monitor.locks(minWaitTime long)	返回数据库中写入锁相关信息，包括 avertedDeadLocks, lockCount, contendedLockCount and contendedLocks 等（企业版特性）

7.5.2 过程概述 – apoc.monitor.*

7.5.3 过程调用接口 – apoc.monitor.*

```
过  CALL apoc.monitor.ids
程  CALL apoc.monitor.kernel
接  CALL apoc.monitor.store
口  CALL apoc.monitor.tx
    CALL apoc.monitor.locks(minWaitTime)
```

7.5.4 示例 – apoc.monitor.*

```
// 7.5(1) 显示数据库中每类对象内部 ID 的分配情况。

CALL apoc.monitor.ids


// 7.5(2) 显示数据库中已完成和正在运行的事务。

CALL apoc.monitor.tx
```

 重要技巧	在 Neo4j 中，删除对象是"逻辑删除"，也就是说被删除对象占用的存储空间只是被打上"可用"的标记。在社区版中，这些空间不会被重新使用。社区版最多可以存储 340 亿个节点和关系，其实只是在不删除任何数据的前提下才成立。 在企业版中，变成可用的空间和 ID 会先被存储在一个列表中，在下次数据库写入时会从该列表中得到可用空间再使用。企业版能够支持的最大 ID 也远远超出 340 亿。从这一点看，企业版的可扩展能力远远超过社区版。

第 8 章
◀ 工具函数和过程 ▶

本章介绍 APOC 中关于节点、关系和路径操作的过程；模拟图的生成；地图和空间操作以及集合操作。

8.1 工具函数和过程概述

工具函数和过程如表 8-1 所示。

表 8-1　工具函数和过程

过程/函数名	调用接口	说明
节点和关系操作		
apoc.any.properties	CALL apoc.any.properties (node/rel/map,)	返回虚拟和真实节点、关系和映射（Map）数据结构中的多个属性
apoc.any.property	CALL apoc.any.property(node/rel/map)	返回虚拟和真实节点、关系和映射（Map）数据结构中的属性
apoc.create.uuid	CALL apoc.create.uuid()	返回一个 UUID 字符串
apoc.label.exists	CALL apoc.label.exists(element, label)	如果节点拥有标签存则返回 true，反之 false
apoc.node.degree	CALL apoc.node.degree(node, rel-direction-pattern)	返回模式中给定关系的总度数，可以使用 ">" 或 "<" 用于限定所有流出或进入关系
apoc.node.degree.in	CALL apoc.node.degree.in(node, relationshipName)	返回流入关系的总数
apoc.node.degree.out	CALL apoc.node.degree.out(node, relationshipName)	返回流出关系的总数
apoc.node.id	CALL apoc.node.id(node)	返回节点的 id
apoc.node.labels	CALL apoc.node.labels(node)	返回节点的标签
apoc.node.relationship .exists	CALL apoc.node.relationship.exists(node, rel-direction-pattern)	当节点拥有满足模式的关系时返回 true
apoc.node.relationship .types	CALL apoc.node.relationship.types(node, rel-direction-pattern)	返回满足模式关系的类型列表
apoc.nodes.connected	CALL apoc.nodes.connected(start, end, rel-direction-pattern)	当节点之间拥有复合模式的关系时，返回 true。算法针对繁忙节点进行了优化

（续表）

过程/函数名	调用接口	说明
apoc.nodes.isDense	CALL apoc.nodes.isDense(node)	如果是繁忙节点，则返回 true
apoc.rel.id	CALL apoc.rel.id(rel)	返回关系的 id
apoc.rel.type	CALL apoc.rel.type(rel)	返回关系的类型
apoc.get.rels	CALL apoc.get.rels(rel|id|[ids])	在数据库中根据指定关系对象、内部 ID 和 ID 数组搜索并返回关系
apoc.nodes.delete	CALL apoc.nodes.delete(node|nodes|id|[ids])	删除给定 ID 对应的节点
apoc.nodes.get	CALL apoc.nodes.get(node|nodes|id|[ids])	在数据库中根据指定节点对象、内部 ID 和 ID 数组搜索并返回节点
路径功能		
apoc.path.combine	CALL apoc.path.combine(path1, path2)	将路径在连接节点处合并为一个
apoc.path.create	CALL apoc.path.create(startNode,[rels])	创建包含给定起点和关系集合的路径实例
apoc.path.elements	CALL apoc.path.elements(path)	返回 node-relationship-node-的列表…
apoc.path.slice	CALL apoc.path.slice(path, [offset], [length])	根据给定偏移量和长度创建路径
创建数据		
apoc.create.addLabels	CALL apoc.create.addLabels([node,id,ids, nodes], ['Label',…])	将给定标签添加到节点
apoc.create.node	CALL apoc.create.node(['Label'], {key:value,…})	使用动态标签创建节点
apoc.create.nodes	CALL apoc.create.nodes(['Label'], [{key:value,…}])	使用动态标签创建多个节点
apoc.create.relationship	CALL apoc.create.relationship(person1, 'KNOWS',{key:value,…}, person2)	用动态类型创建关系
apoc.create.removeLabels	CALL apoc.create.removeLabels([node,id,ids, nodes], ['Label',…])	从节点或节点集合中删除给定的标签
apoc.create.setProperties	CALL apoc.create.setProperties([node,id,ids, nodes], [keys], [values])	为一个或多个节点属性赋值
apoc.create.setProperty	CALL apoc.create.setProperty([node,id,ids, nodes], key, value)	为节点指定属性赋值
apoc.create.setRel Properties	CALL apoc.create.setRelProperties([rel,id,ids, rels], [keys], [values])	为关系指定属性赋值
apoc.create.setRel Property	CALL apoc.create.setRelProperty([rel,id,ids, rels], key, value)	为关系指定属性赋值
apoc.create.uuids	CALL apoc.create.uuids(count) YIELD uuid, row	创建多个 UUID
apoc.nodes.link	CALL apoc.nodes.link([nodes],'REL_TYPE')	以给定节点集合和关系类型创建一个链接的节点列表

（续表）

过程/函数名	调用接口	说明
图生成		
apoc.generate.ba	CALL apoc.generate.ba(noNodes, edgesPerNode, 'label', 'type')	根据 Barabasi-Albert 模型（无标度网络）生成图
apoc.generate.complete	CALL apoc.generate.complete(noNodes, 'label', 'type')	生成完全图（每个节点都连接到所有其他节点）
apoc.generate.er	CALL apoc.generate.er(noNodes, noEdges, 'label', 'type')	根据鄂尔多斯 - 仁义模型生成图
apoc.generate.simple	CALL apoc.generate.simple([degrees], 'label', 'type')	生成具有给定度数分布的图
apoc.generate.ws	CALL apoc.generate.ws(noNodes, degree, beta, 'label', 'type')	根据 Watts-Strogatz 模型（小世界网络）生成图
并行节点搜索		
apoc.search.node	CALL apoc.search.node(labelProperty Map, searchType, search) yield node	并行搜索并返回一组节点对象
apoc.search.nodeAll	CALL apoc.search.nodeAll(labelProperty Map, searchType, search) yield node	并行搜索并返回一组节点对象
apoc.search.node Reduced	CALL apoc.search.nodeReduced(labelProperty Map, searchType, search) yield id, labels, values	并行搜索并返回一组节点，仅包含 id、标签
apoc.search.nodeAll Reduced	CALL apoc.search.nodeAllReduced(label PropertyMap, searchType, search) yield id, labels, values	并行搜索并返回一组节点，包含 id、标签
空间计算功能		
apoc.spatial.geocode	CALL apoc.spatial.geocode('address') YIELD location, latitude, longitude, description, osmData	从地理编码服务中查找位置的地理坐标，默认使用 OpenStreetMap 提供的位置查询服务
apoc.spatial.reverse Geocode	CALL apoc.spatial.reverseGeocode (latitude,longitude) YIELD location, latitude, longitude, description	从地理编码服务中查找经度和纬度对应的地址，默认使用 OpenStreetMap 提供的位置查询服务
apoc.spatial.sortPathsBy Distance	CALL apoc.spatial.sortPathsByDistance (Collection<Path>) YIELD path, distance	根据路径节点上的纬度/经度属性，按地理距离对给定的路径集合进行排序
集合操作		
apoc.coll.avg	CALL apoc.coll.avg([0.5,1,2.3])	计算集合中所有值的平均值
apoc.coll.combinations	CALL apoc.coll.combinations(coll, minSelect, maxSelect:minSelect)	从集合 coll 中，选择最少 minSelect 个元素、最多 maxSelect 个元素，生成它们的全组合子集，并返回这个全组合子集
apoc.coll.contains	CALL apoc.coll.contains(coll, value)	如果集合 coll 包含值 value，则返回 true
apoc.coll.containsAll	CALL apoc.coll.containsAll(coll, values)	使用 HashSet 优化的子集包含判断函数：如果指定集合 coll 中包含所有 values 则返回 true，反之则返回 false

（续表）

过程/函数名	调用接口	说明
apoc.coll.containsAll Sorted	CALL apoc.coll.containsAllSorted(coll, value)	在元素已排序的列表/集合 coll 中判断子集 value 是否存在的函数：使用 Collections.binarySearch。如果包含，则返回 true，反之则返回 false
apoc.coll.contains Duplicates	CALL apoc.coll.containsDuplicates(coll)	如果集合包含重复元素，则返回 true
apoc.coll.containsSorted	CALL apoc.coll.containsSorted(coll, value)	在元素已排序的列表/集合 coll 中判断元素 value 是否存在的函数：使用 Collections.binarySearch。如果包含，则返回 true，反之则返回 false
apoc.coll.different	CALL apoc.coll.different(values)	判断集合 values 中是否所有元素都是唯一的。如果是，则返回 true；如果有重复元素，则返回 false
apoc.coll.disjunction	CALL apoc.coll.disjunction(first, second)	返回两个列表的析取集/或集
apoc.coll.duplicates	CALL apoc.coll.duplicates(coll)	返回集合中重复项的列表
apoc.coll. duplicatesWithCount	CALL apoc.coll.duplicatesWithCount (coll)	返回集合中重复元素（且仅返回重复元素）的列表及其计数，格式如下：[{item:xyz, count:2}, {item:zyx, count:5}]
apoc.coll.flatten	CALL apoc.coll.flatten	展开（一层）嵌套的数组元素。例如：RETURN apoc.coll.flatten([1,[2,3],4]) 返回：[1,2,3,4]
apoc.coll.frequencies	CALL apoc.coll.frequencies(coll)	返回集合中所有元素的出现次数/频率，以数组类型返回数组，格式如下：[{item:xyz, count:2}, {item:zyx, count:5}, {item:abc, count:1}]）
apoc.coll.frequenciesAs Map	CALL apoc.coll.frequenciesAsMap(coll)	返回集合中所有元素的出现次数/频率，以映射（Map）类型返回，格式如下：{1: 2, 3: 2}
apoc.coll.indexOf	CALL apoc.coll.indexOf(coll, value)	返回元素在集合/列表中的位置
apoc.coll.insert	CALL apoc.coll.insert(coll, index, value)	在集合 coll 的索引 index 处插入元素 value
apoc.coll.insertAll	CALL apoc.coll.insertAll(coll, index, values)	在集合 coll 的索引 index 处插入集合 values 中所有元素
apoc.coll.intersection	CALL apoc.coll.intersection(first, second)	返回两个集合/列表的唯一交集
apoc.coll.max	CALL apoc.coll.max([0.5,1,2.3])	返回集合中所有值的最大值
apoc.coll.min	CALL apoc.coll.min([0.5,1,2.3])	返回集合中所有值的最小值
apoc.coll.occurrences	CALL apoc.coll.occurrences(coll, item)	返回集合 coll 中给定项 item 的出现次数
apoc.coll.pairs	CALL apoc.coll.pairs([1,2,3]) YIELD value	返回集合 coll 中以相邻两个元素构成的所有可能子集的集合

过程/函数名	调用接口	说明
apoc.coll.pairsMin	CALL apoc.coll.pairsMin([1,2,3]) YIELD value	类似 apoc.coll.pairs，返回集合 coll 中以相邻两个元素构成的所有可能子集，但是不包含 NULL 元素
apoc.coll.partition	CALL apoc.coll.partition(list,batchSize)	将列表 list 分区为子列表，每个子列表包含 batchSize 个元素。如果最后一个子列表中包含的元素不够，也作为子集返回
apoc.coll.randomItem	CALL apoc.coll.randomItem(coll)	从集合/列表中随机选择并返回一个元素
apoc.coll.randomItems	CALL apoc.coll.randomItems(coll, itemCount, allowRepick: false)	从集合/列表中随机选择并返回 itemCount 个元素，允许重复选择元素
apoc.coll.remove	CALL apoc.coll.remove(coll, index, [length=1])	从索引 index 开始处删除 length 个元素。Length 的默认值为 1
apoc.coll.removeAll	CALL apoc.coll.removeAll(first, second)	从第一个列表中删除在第二个列表中指定的元素并返回
apoc.coll.reverse	CALL apoc.coll.reverse(coll)	将集合/列表中元素的顺序反转后再返回
apoc.coll.set	CALL apoc.coll.set(coll, index, value)	将集合 coll 中位于 index 处的元素设置为 value 的值
apoc.coll.shuffle	CALL apoc.coll.shuffle(coll)	将集合中元素的顺序混排后返回
apoc.coll.sort	CALL apoc.coll.sort(coll)	对集合进行排序
apoc.coll.sortMaps	CALL apoc.coll.sortMaps([maps], 'key')	对元素类型为映射（Map）的集合进行排序：在排序字段前添加 '^' 表示升序排序
apoc.coll.sortMulti	CALL apoc.coll.sortMulti	按几个排序字段对列表进行排序（使用 '^' 前缀表示升序排序），并可选择应用限制和跳过
apoc.coll.sortNodes	CALL apoc.coll.sortNodes([nodes], 'name')	按属性排序节点，通过在属性名前添加 '^' 来表示升序排序
apoc.coll.split	CALL apoc.coll.split(list,value)	在集合/列表的给定值 value 处拆分集合，值本身不会是结果列表的一部分
apoc.coll.subtract	CALL apoc.coll.subtract(first, second)	返回第一个集合/列表减去第二个集合/列表后的结果
apoc.coll.sum	CALL apoc.coll.sum([0.5,1,2.3])	返回集合/列表中所有值的总和
apoc.coll.sumLongs	CALL apoc.coll.sumLongs([1,3,3])	返回集合/列表中所有数值的总和，按长整型处理
apoc.coll.toSet	CALL apoc.coll.toSet([list])	将集合转换成列表
apoc.coll.union	CALL apoc.coll.union(first, second)	返回集合 first 和 second 的并集，结果集合中不包含重复元素
apoc.coll.unionAll	CALL apoc.coll.unionAll(first, second)	返回集合 first 和 second 的并集，结果集合中包含重复元素

142

（续表）

过程/函数名	调用接口	说明
apoc.coll.zip	CALL apoc.coll.zip([list1],[list2])	将两个集合中的元素成对组合成新的集合
apoc.coll.elements	CALL apoc.coll.elements(list,limit,offset) yield _1, _2,.., _10, _1s, _2i, _3f, _4m, _5l, _6n, _7r, _8p	将混合类型集合的元素，从 offset 开始到 limit 截止的子集解构为正确类型的标识符

8.2　节点相关操作

8.2.1　概述

节点相关操作过程/函数如表 8-2 所示。

表 8-2　节点相关操作过程/函数

类型	名称	说明
函数	apoc.any.properties(node/rel/map,)	返回虚拟和真实节点、关系和映射（Map）数据结构的属性，可通过属性名进行过滤
函数	apoc.any.property(node/rel/map)	返回虚拟和真实的节点、关系和映射（Map）数据结构的属性
函数	apoc.create.uuid()	返回一个 UUID 字符串
过程	apoc.create.node(['Label'], {key:value,…}) YIELD node	使用动态标签创建节点
过程	apoc.create.nodes(['Label'], [{key:value,…}]) YIELD node	使用动态标签创建多个节点
过程	apoc.create.addLabels([node,id,ids,nodes], ['Label',…]) YIELD node	将给定标签列表添加到节点（组）
过程	apoc.create.removeLabels([node,id,ids,nodes], ['Label',…]) YIELD node	从节点上删除给定的标签列表
过程	apoc.create.setProperty([node,id,ids,nodes], key, value) YIELD node	为指定的节点（组）设置属性
过程	apoc.create.setProperties([node,id,ids,nodes], [keys], [values]) YIELD node	为指定的节点（组）设置多个属性

类型	名称	说明
过程	apoc.create.setRelProperty([rel,id,ids,rels], key, value) YIELD relationship	为指定的关系（组）设置属性
过程	apoc.create.setRelProperties([rel,id,ids,rels], [keys], [values]) YIELD relationship	为指定的关系（组）设置多个属性
过程	apoc.create.relationship(person1,relTye,{key:value,...}, person2) YIELD relationship	使用动态关系类型名在两个节点之间创建关系
函数	apoc.label.exists(element, label)	如果节点拥有标签存则返回 true，反之则返回 false
函数	apoc.node.degree(node, rel-direction-pattern)	返回模式中给定关系的总度数，可以将"＞"或"＜"用于所有流出或进入的关系
函数	apoc.node.degree.in(node, relationshipName)	返回进入节点关系的总数
函数	apoc.node.degree.out(node, relationshipName)	返回流出节点关系的总数
函数	apoc.node.id(node)	返回节点的 id，包括虚拟节点
函数	apoc.node.labels(node)	返回（虚拟）节点的标签
函数	apoc.node.relationship.exists(node, rel-direction-pattern)	当节点具有匹配模式的关系时返回 true
函数	apoc.node.relationship.types(node, rel-direction-pattern)	返回节点拥有的匹配模式关系类型的列表
函数	apoc.nodes.connected(start, end, rel-direction-pattern)	如果节点可以连接到另一个节点时则返回 true，本函数针对密集节点进行了优化
函数	apoc.nodes.isDense(node)	如果给定节点是密集/繁忙节点，则返回 true
过程	apoc.nodes.delete(node|nodes|id|[ids]) YIELD node	根据给定的 ID 快速删除所有节点
过程	apoc.nodes.get(node|nodes|id|[ids]) YIELD node	根据给定的 ID 快速返回所有节点

上面的函数/过程不再一一详述。与虚拟节点和关系相关的函数和过程请参见第 9 章虚拟图。下面看几个例子。

```cypher
// 8.2(1) 返回'刘备'节点是否拥类型为'关系'的流出边。

MATCH (n{name:'刘备'})
WITH n
RETURN apoc.node.relationship.exists(n,'关系>')


// 8.2(2) 根据给定的内部 ID 列表返回多个节点。

CALL apoc.nodes.get([0, 1, 2])
YIELD node
RETURN node


// 8.2(3) 创建两个节点，每个节点有一个标签'人物'和一个 name 属性
//        属性值分别为'马超'和'黄忠'。

CALL apoc.create.nodes(['人物'],[{name:'马超'},{name:'黄忠'}]) YIELD node
RETURN node

// 8.2(4) 返回'刘备'节点拥有的所有属性及其值。

MATCH (n:人物{name:'刘备'})
RETURN apoc.any.properties(n)

// 8.2(5) 为'刘备'节点增加两个额外标签。

MATCH (n:人物{name:'刘备'})
CALL apoc.create.addLabels(n,['皇帝','蜀汉'])
YIELD node
RETURN node
```

8.3　路径相关操作

8.3.1　概述

APOC 中的路径相关函数可以对查询返回的路径进行合并和切分操作，创建虚拟路径以及返回完整路径。路径相关函数如表 8-3 所示。

表 8-3　路径相关函数

函数名称	说明
apoc.path.combine(path1, path2) YIELD path	如果连接节点匹配，则将路径合并为一个
apoc.path.create(startNode,[rels]) YIELD path	创建给定节点和关系的路径实例
apoc.path.elements(path) YIELD path	返回路径，以 node-relationship-node…的格式
apoc.path.slice(path, [offset], [length]) YIELD path	创建具有给定偏移量和长度的子路径

8.3.2 函数概述 – apoc.path.combine

8.3.3 函数调用接口 – apoc.path.combine

8.3.4 示例 – apoc.path.combine

```
// 8.3(1) 合并从刘备出发的'兄长关系'路径，和'主公关系'路径。

MATCH p1 = (n2) <-[:关系{relationship:'兄长'}]-
          (n1:人物{name:'刘备'})
MATCH p2 = (n3:人物{name:'刘备'}) -[:关系{relationship:'主公'}]->
          (n4)
RETURN apoc.path.combine(p1,p2)
```

　　需要注意的是，使用 apoc.path.combine()函数时，待连接的路径必须有公共节点，如图 8-1 所示。在例子 8.3(1)中，注意 p1 和 p2 的写法。路径 p1 的结束节点是"刘备"，p2 的起始节点也是"刘备"所以这两个路径可以连接。否则，会报告以下错误：

```
java.lang.IllegalArgumentException: Paths don't connect on their end and
start-nodes
```

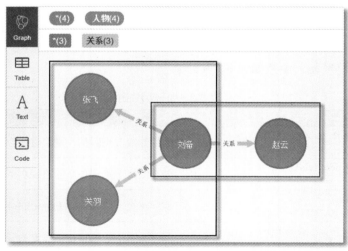

图 8-1　使用 apoc.path.combine

8.3.5　函数概述 – apoc.path.create

8.3.6　函数调用接口 – apoc.path.create

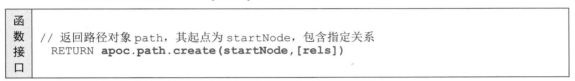

apoc.path.create 函数参数如表 8-4 所示。

表 8-4　apoc.path.create 函数参数

参数名	类型	默认值	可为空?	说明
startNode	节点	无	否	路径的起始节点
[rels]	关系列表	[]	是	与 startNode 相连的关系列表

8.3.7　示例 – apoc.path.create

```
// 8.3(2) 寻找从"刘备"出发到"张飞"的关系，以路径对象 path 返回。

MATCH (a:人物{name:'刘备'}) -[r]-> (b:人物{name:'张飞'})
WITH a, collect(r) AS rels
RETURN apoc.path.create(a,rels)
```

8.3.8　函数概述 – apoc.path.elements

8.3.9　函数调用接口 – apoc.path.elements

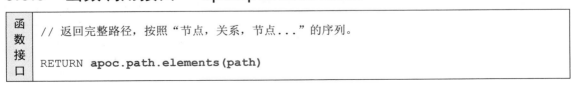

8.3.10　示例 – apoc.path.elements

```
// 8.3(3) 返回从刘备出发的所有路径。
//        与 MATCH path = (n) -[]-> (m) 不同的是，函数返回完整的序列，
//        而不是[节点，关系，节点]的三元组。


MATCH path = (:人物{name:'刘备'}) -[:关系*]-> ()
RETURN apoc.path.elements(path)
```

8.3.11　函数概述 – apoc.path.slice

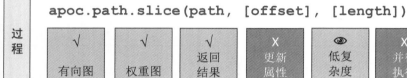

过程

apoc.path.slice(path, [offset], [length])

| √ 有向图 | √ 权重图 | √ 返回结果 | X 更新属性 | ◉ 低复杂度 | X 并行执行 |

8.3.12　函数调用接口 – apoc.path.slice

函数接口

截取路径的一部分并返回子路径。

RETURN **apoc.path.slice(path, [offset], [length])**

apoc.path.slice 函数参数如表 8-5 所示。

表 8-5　apoc.path.slice 函数参数

参数名	类型	默认值	可为空？	说明
path	路径	无	否	包含路径的变量
offset	非负整数	0	是	位移量
Length	非负整数	0	是	截取长度

8.3.13　示例 – apoc.path.slice

```
// 8.3(4) 从刘备出发的、长度为2的"兄长关系"路径中，跳过1段、
//        截取长度为1的子路径。
//    返回：完整路径：刘备，[兄长]，关羽，[兄长]，张飞；
//          截取后的子路径：关羽，[兄长]，张飞。


MATCH path = (:人物{name:'刘备'}) -[:关系*2]-> ()
RETURN apoc.path.slice(path,1,1)
```

8.4　并行节点搜索

8.4.1　概述

通常情况下，在 Cypher 查询中每次只有一个属性索引会被使用，而且是序列执行。在节点拥有多个属性索引的情况下，可以使用 APOC 的过程沿着若干属性索引并行地搜索节点。每个并行执行搜索的进程返回的结果会进行合并和去重，之后把结果返回。下面表 8-6 是相关过程的说明。

表 8-6　并行节点搜索相关过程

过程	说明
apoc.search.node(　labelPropertyMap, 　searchType, 　search)　YIELD node	执行并行搜索，并返回唯一节点的集合
apoc.search.nodeAll(　labelPropertyMap, 　searchType, 　search)　YIELD node	执行并行搜索，并返回所有节点的集合
apoc.search.nodeReduced(　labelPropertyMap, 　searchType, 　search) YIELD node	执行并行搜索，并返回唯一节点的集合，节点包含最小信息，即仅包含标签、id 和搜索的属性
apoc.search.nodeAllReduced(　labelPropertyMap, 　searchType, 　search) YIELD node	执行并行搜索，并返回所有节点的集合，节点包含最小信息，即仅包含标签、id 和搜索的属性

上述过程的参数说明如表 8-7 所示。

表 8-7　并行节点搜索相关过程的参数

参数名	类型和取值	说明
labelPropertyMap	字符串或映射 '{ label1 : "propertyOne", label2 :["propOne","propTwo"] }'	JSON 或映射（Map）类型，指定标签和属性列表，查询会（在可能的条件下）对每个标签-属性对（如果有索引）执行并行查询。支持单个索引和复合索引。例如在左边的例子中，查询会沿着两个方向执行： （1）Label1.propertyOne （2）label2.propOne AND label2.propTwo

（续表）

参数名	类型和取值	说明
searchType	字符串，必须是下面的值之一： 'exact', 'contains', 'starts with', 'ends with'	字符串不区分字母大小写
	"<", ">", "=", "<>", "∈", ">=", "=~"	比较运算符
Search	字符串	搜索的内容

8.4.2　函数概述 – apoc.search.node

8.4.3　函数调用接口 – apoc.search.node

```
过  // 使用并行搜索
程  CALL apoc.search.node(
接    labelPropertyMap,searchType,search
口  )
```

8.4.4　示例 – apoc.search.node

```
// 8.4(1) 在"人物"和"皇帝"类节点的 name 属性中,
//        搜索"刘备", 使用精确匹配。

CALL apoc.search.node(
  {人物:'name',皇帝:'name'}, 'exact','刘备'
)
YIELD node
RETURN node
```

8.5 地图和空间计算相关功能

8.5.1　概述

从 Neo4j 3.5 以后，地理坐标作为 Point 数据类型成为数据库模式支持的类型，另外数据库也提供基本的操作函数，例如计算两个坐标之间距离的函数 distance()。更多关于 Neo4j 坐标类型和函数操作的介绍请参见：https://neo4j.com/docs/cypher-manual/3.5/functions/spatial/。

因此，一些在早期 APOC 版本中包含的关于地理位置的过程和函数已经不再需要。

APOC 目前仍然提供的相关过程如下。注意，默认情况下 APOC 使用来自 OpenStreetMap 的地址服务。可以在 neo4j.conf 中指定使用的地图服务（OpenStreetMap 或者 GoogleMap）：

```
# 可用取值有：osm, google, opencage
apoc.spatial.geocode.provider=osm
# OpenStreetMap 查询请求之间的延迟，单位为 ms
apoc.spatial.geocode.osm.throttle=5000
# GoogleMap 查询请求之间的延迟，单位为 ms
apoc.spatial.geocode.google.throttle=1
# 访问 GoogleMap 的 key
apoc.spatial.geocode.google.key=xxxx
# 访问 GoogleMap 的 client ID
apoc.spatial.geocode.google.client=xxxx
# 访问 GoogleMap 的用户 signature
apoc.spatial.geocode.google.signature=xxxx
```
（neo4j.conf）

如果要使用其他地图数据服务商的服务，则需要指定服务的正向和反向查询 URL。可参考下面的配置（以 opencage 为例）：

```
# 指定地图服务提供商 opencage
apoc.spatial.geocode.provider=opencage
apoc.spatial.geocode.opencage.key=XXXXXXXXXXXXXX
apoc.spatial.geocode.opencage.url=
http://api.opencagedata.com/geocode/v1/json?q=PLACE&key=KEY
apoc.spatial.geocode.opencage.reverse.url=
http://api.opencagedata.com/geocode/v1/json?q=LAT+LNG&key=KEY
```
（neo4j.conf）

地图和空间计算相关过程如表 8-8 所示。

表 8-8　地图和空间计算相关过程

名称	说明
apoc.spatial.geocode('address') YIELD location, latitude, longitude, description	从地理编码服务中查找位置的地理坐标，返回空或多个结果（最多 100 条）
apoc.spatial.geocodeOnce('address') YIELD location, latitude, longitude, description	从地理编码服务中查找位置的地理坐标，返回空或者 1 个结果
apoc.spatial.reverseGeocode(　latitude,longitude) YIELD location, latitude, longitude, description	从地理编码服务中查找经度和纬度的地址
apoc.spatial.sortPathsByDistance(　Collection<Path>) YIELD path, distance	根据路径节点上的纬度/经度属性，按地理距离对给定的路径集合进行排序

8.5.2 过程概述 – apoc.spatial.geocode

8.5.3 过程调用接口 – apoc.spatial.geocode

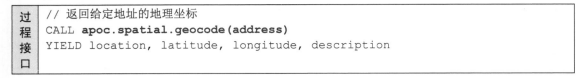

8.5.4 示例 – apoc.spatial.geocode

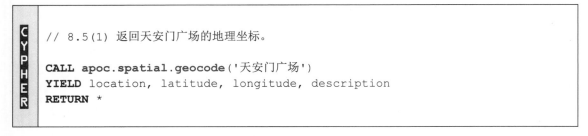

返回结果如图 8-2 所示。

图 8-2 apoc.spatial.geocode()的例子

8.5.5　过程概述 – apoc.spatial.reverseGeocode

8.5.6　过程调用接口 – apoc.spatial.reverseGeocode

过程接口	CALL **apoc.spatial.reverseGeocode**(latitude,longitude) YIELD location, latitude, longitude, description

8.5.7　示例 – apoc.spatial.reverseGeocode

```
// 8.5(2) 返回地理坐标对应的地址信息。

CALL apoc.spatial.reverseGeocode(
    39.905, 116.397
)
YIELD location, latitude, longitude, description
RETURN *
```

返回结果如图 8-3 所示。

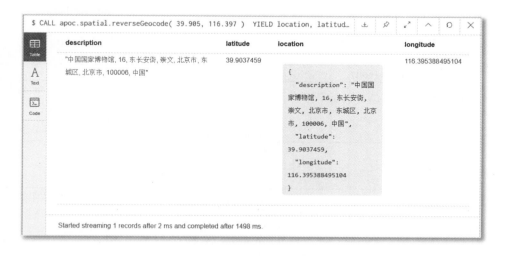

图 8-3　apoc.spatial.reverseGeocoder()的例子

8.6 集合相关操作

概述

集合相关过程如表 8-9 所示。

表 8-9 集合相关过程

类型	名称	说明
函数	apoc.coll.avg([0.5,1,2.3])	计算集合中所有值的平均值

函数	apoc.coll.combinations(
	    coll, minSelect,
	    maxSelect
	)
		从集合 coll 中，选择最少 minSelect 个元素、最多 maxSelect 个元素，生成它们的全组合子集，并返回这个全组合子集。例如：
		RETURN apoc.coll.combinations([1,2,3], 2,3)
		会返回：
		[[1, 2], [1, 3], [2, 3], [1, 2, 3]]

函数	apoc.coll.contains(coll, value)	如果集合 coll 包含值 value，则返回 true
函数	apoc.coll.containsAll(coll, values)	使用 HashSet 优化的子集包含判断函数：如果指定集合 coll 中包含所有 values 则返回 true，反之则返回 false
函数	apoc.coll.containsAllSorted(coll, value)	在元素已排序的列表/集合 coll 中判断子集 value 是否存在的函数：使用了 Collections.binarySearch。如果包含，则返回 true，反之则返回 false
函数	apoc.coll.containsDuplicates(coll)	如果集合包含重复元素，则返回 true
函数	apoc.coll.containsSorted(coll, value)	在元素已排序的列表/集合 coll 中判断元素 value 是否存在的函数：使用了 Collections.binarySearch。如果包含，则返回 true，反之则返回 false
函数	apoc.coll.different(values)	判断集合 values 中是否所有元素都是唯一的。如果是，则返回 true；如果有重复元素，则返回 false
函数	apoc.coll.disjunction(first, second)	返回两个列表的析取集/或集。例如： RETURN apoc.coll.disjunction([1,2,3],[3,4]) 返回结果是：[1,2,4]
函数	apoc.coll.duplicates(coll)	返回集合中重复项的列表

函数	apoc.coll.duplicatesWithCount(
	    coll
	)
		返回集合中重复元素（且仅返回重复元素）的列表及其计数，格式如下：
		[{item:xyz, count:2},
		    {item:zyx, count:5}]

函数	apoc.coll.flatten	展开（一层）嵌套的数组元素。例如： RETURN apoc.coll.flatten([1,[2,3],4]) 返回：[1,2,3,4]

函数	apoc.coll.frequencies(coll)	返回集合中所有元素的出现次数/频率，以数组类型返回数组，格式如下：
		[{item:xyz, count:2},
		    {item:zyx, count:5},
		    {item:abc, count:1}])

函数	apoc.coll.frequenciesAsMap(coll)	返回集合中所有元素的出现次数/频率，以映射（Map）类型返回，格式如下： {1: 2, 3: 2}

（续表）

类型	名称	说明
函数	apoc.coll.indexOf(coll, value)	返回元素在集合/列表中的位置
函数	apoc.coll.insert(coll, index, value)	在集合 coll 的索引 index 处插入元素 value
函数	apoc.coll.insertAll(coll, index, values)	在集合 coll 的索引 index 处插入集合 values 中所有的元素
函数	apoc.coll.intersection(　first, second)	返回两个集合/列表的唯一交集
函数	apoc.coll.max([0.5,1,2.3])	返回集合中所有值的最大值
函数	apoc.coll.min([0.5,1,2.3])	返回集合中所有值的最小值
函数	apoc.coll.occurrences(coll, item)	返回集合 coll 中给定项 item 的出现次数
函数	apoc.coll.pairs(coll)	返回集合 coll 中以相邻两个元素构成的所有可能子集的集合。例如： RETURN apoc.coll.pairs([1,2,3]) 返回：[[1, 2], [2, 3], [3, *null*]]
函数	apoc.coll.pairsMin(coll)	类似 apoc.coll.pairs，返回集合 coll 中以相邻两个元素构成的所有可能子集，但是不包含 NULL 元素。例如： RETURN apoc.coll.pairsMin([1,2,3]) 返回：[[1, 2], [2, 3]]
过程	apoc.coll.partition(list,batchSize)	将列表 list 分区为子列表，每个子列表包含 batchSize 个元素。如果最后一个子列表中包含的元素不够，也作为子集返回。例如： CALL apoc.coll.partition([1,2,3],2) 返回：[1,2],[3]
函数	apoc.coll.randomItem(coll)	从集合/列表中随机选择并返回一个元素
函数	apoc.coll.randomItems(coll, itemCount, allowRepick: false)	从集合/列表中随机选择并返回 itemCount 个元素，允许重复选择元素
函数	apoc.coll.remove(coll, index, [length=1])	从索引 index 开始处删除 length 个元素。Length 的默认值为 1
函数	apoc.coll.removeAll(first, second)	从第一个列表中删除在第二个列表中指定的元素并返回。例如： RETURN apoc.coll.removeAll([1,2,3],[2]) 返回结果：[1,3]
函数	apoc.coll.reverse(coll)	将集合/列表中元素顺序反转后返回
函数	apoc.coll.set(coll, index, value)	将集合 coll 中位于 index 处的元素设置为 value 的值
函数	apoc.coll.shuffle(coll)	将集合中元素的顺序混排后返回
函数	apoc.coll.sort(coll)	对集合进行排序
函数	apoc.coll.sortMaps([maps], 'key')	对元素类型为映射（Map）的集合进行排序：在排序字段前添加 '^' 表示升序排序
函数	apoc.coll.sortMulti	按几个排序字段对列表进行排序（使用 '^' 前缀表示升序排序），并可选择应用限制和跳过
函数	apoc.coll.sortNodes([nodes], 'name')	按属性排序节点，通过在属性名前添加 '^' 来表示升序排序
过程	apoc.coll.split(list,value)	在集合/列表的给定值 value 处拆分集合，值本身不会是结果列表的一部分。例如： CALL apoc.coll.split([1,2,3],2) 返回结果： [1] [3]

（续表）

类型	名称	说明
函数	apoc.coll.subtract(first, second)	返回第一个集合/列表减去第二个集合/列表后的结果
函数	apoc.coll.sum(coll)	返回集合/列表中所有值的总和
函数	apoc.coll.sumLongs(coll)	返回集合/列表中所有数值的总和，按长整型处理
函数	apoc.coll.toSet([list])	将集合转换成列表
函数	apoc.coll.union(first, second)	返回集合 first 和 second 的并集，结果集合中不包含重复元素
函数	apoc.coll.unionAll(first, second)	返回集合 first 和 second 的并集，结果集合中包含重复元素
函数	apoc.coll.zip([list1],[list2])	将两个集合中的元素成对组合成新集合。例如： RETURN apoc.coll.zip([1,2,3],[4,5]) 返回值：[[1, 4], [2, 5], [3, *null*]]

过程	apoc.coll.elements(list,limit,offset)
	YIELD _1,_2, ...,_10,
	_1s, ...,_10s,
	_1i, ...,_10i,
	_1f, ...,_10f,
	_1m, ...,_10m,
	_1l, ...,_10l,
	_1n, ...,_10n,
	_1r, ...,_10r,
	_1p, ...,_10p,
	elements
	(共返回 91 个变量)
	
	其中，_1,_2,..._10 是原始元素，_1s,..._10s 是字符串类型元素，_1i,..._10i 是整数类型元素；f、m、l、n、r、p 分别代表浮点、映射（Map）、列表、节点、关系、路径类型。elements 是实际返回的节点数。
	
	最大可返回的每类元素为 10。
		将混合类型集合的元素，从 offset 开始到第 limit 截止的子集解构为正确类型的标识符。例如：
		CALL apoc.coll.elements(
		  [1,'text1',2,3.002,['a','b'],true],
		  5,1
		)
		
		这里，集合有 6 个元素，分别是：
		(1) 1 – Integer
		(2) 'text1' – String
		(3) 2 – Integer
		(4) 3.002 – Float
		(5) ['a','b'] – List
		(6) true – Boolean
		
		从第 1 个 offset/即第 2 个元素起，到第 6 个元素截止。返回结果（没有列出的变量值都为 NULL）：
		_1,_2,_3,_4,_5
		"text1",2,3.002, ["a", "b"],true
		_1s
		"text1"
		_2i,3i
		2,3
		_2f,3f
		2.0,3.002
		_5b
		true
		_4l
		["a", "b"]
		elements
		5

注 1：所有集合相关操作中，集合中元素的起始索引都是 0。

8.7　图生成

8.7.1　概述

图生成过程用来生成不同类型的随机图，以用作算法研究、性能测试等目的。APOC 提供下列随机图生成过程。图生成过程如表 8-10 所示。

表 8-10　图生成过程

过程	说明
apoc.generate.er(noNodes, noEdges, 'label', 'type')	根据 Erdős–Rényi 模型[1]（ER 模型）生成图（随机网络）
apoc.generate.ws(noNodes, degree, beta, 'label', 'type')	根据 Watts-Strogatz 模型（WS 模型）[2]生成图表（小世界网络）
apoc.generate.ba(noNodes, edgesPerNode, 'label', 'type')	根据 Barabasi-Albert 模型（无标度网络）[3]、遵从优先依附规律生成图
apoc.generate.complete(noNodes, 'label', 'type')	生成完全图，每个节点都连接到所有其他节点
apoc.generate.simple([degrees], 'label', 'type')	生成具有给定度数分布的图，基于一种序列化、按照节点重要程度进行采样的算法[4]

8.7.2　过程概述 – apoc.generate.er

在图论中，ER 随机图模型（Erdős–Rényi model）可以是两个密切相关的随机图生成模型中的任意一个。ER 随机图模型的名字源于最早提出上述模型之一的数学家 Paul Erdős（保尔·厄多斯）和 Alfréd Rényi（阿尔弗烈德·瑞利），他们在 1959 年首次提出了其中一个模型；而几乎在同时期，Edgar Gilbert（埃德加·吉尔伯特）独立提出了另外一个模型。在 Erdős 和 Rényi 的模型中，节点集一定、连边数也一定的所有图的形成是等概率的；在 Gilbert 的模型中，每个连边存在与否有着固定的概率，与其他连边无关。在概率方法中，这两种模型可用来证明满足各种性质的图的存在，也可为几乎所有图的性质提供严格的定义。

ER 图拥有以下特征：

---

[1]　http://wiki.swarma.net/index.php?title=ER 随机图模&variant=zh

[2]　http://wiki.swarma.net/index.php?title=WS 小世界模型&variant=zh

[3]　http://wiki.swarma.net/index.php?title=无标度网络&variant=zh

[4]　http://www.people.fas.harvard.edu/~blitz/BlitzsteinDiaconisGraphAlgorithm.pdf

（1）基于两个主要假设：① 连边独立；② 每条连边存在的概率相同。

（2）ER 图的生成过程实际上就是从完全图上随机移除边/关系的过程。

（3）ER 图中节点的度/边的数量服从二项分布。

（4）ER 图并不适用于现实生活中的现象，因为它没有"长尾"（不服从幂律分布[1]），而许多实际网络（例如社交网络）的分布是长尾的。此外，与许多社交网络不同，ER 图集聚系数[2]较低。

（5）不能生成局部集聚（Local Clustering）和三元闭包（Triadic Closures[3]，网络有三元闭包释义）。相反，因为图中两个节点有恒定、随机且独立的概率彼此相连，ER 图的集聚系数较低。

8.7.3　过程调用接口 – apoc.generate.er

过程接口	CALL **apoc.generate.er**(　noNodes, 　noEdges, 　label, 　relType)

apoc.generate.er 过程参数如表 8-11 所示。

表 8-11　apoc.generate.er 过程参数

参数名	类型	默认值	可为空？	说明
noNodes	非负长整数	1000	是	随机生成的节点总数
noEdges	非负长整数	10000	是	随机生成的边/关系总数
label	字符串	NULL	是	节点标签。如果为空则默认为 Person，并且会为每个 Person 节点生成一个英文名字保存在 name 属性中

8.7.4　示例 – apoc.generate.er

```
// 8.7(1) 生成一个有10万节点、30万条边的 ER 图。
//        节点标签为 Node，边/关系类型为 LINKS。
//        执行时间：2166ms

CALL apoc.generate.er(100000,300000,'Node', 'LINKS')

// 8.7(2) 统计生成的图中、节点度的分布。

MATCH (u:Node)
WITH size ((u) -- ()) AS countOfRels
WITH countOfRels, count(countOfRels) AS cnt
RETURN countOfRels, cnt
ORDER BY countOfRels ASC
```

---

[1] https://baike.baidu.com/item/%E5%B9%82%E5%BE%8B
[2] https://baike.baidu.com/item/%E8%81%9A%E9%9B%86%E7%B3%BB%E6%95%B0
[3] Simmel, G. (1950). The sociology of georg simmel, volume 92892. Simon and Schuster.

如果将查询 8.7(2)的结果导出到 CSV，然后以图表形式展现，则会得到如图 8-4 所示的结果：

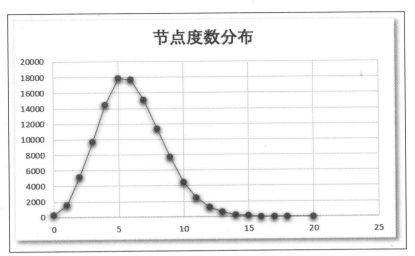

图 8-4　ER 生成图中节点的度数分布

8.7.5　过程概述 – apoc.generate.ws

WS 小世界模型[1]（Watts - Strogatz model）是一种随机图生成模型，其生成的图具有小世界属性，包括较短的平均节点间距离和高集聚系数。该模型由 Duncan J. Watts（邓肯 J. 沃茨）和 Steven Strogatz（斯蒂文·史楚盖兹）在 1998 年两人联合发表于《自然》的论文中提出。Watts 在其广受欢迎的科学读物《六度》中使用β来阐述该模型，这之后，该模型也称为（沃茨）β模型。

WS 图拥有以下特征：

（1）可以生成局部集聚（Local Clustering）和三元闭合，这点是 ER 图所不具备的。

（2）实现集聚的同时保持了 ER 模型较短的平均节点间距离。

（3）模型至少能够部分解释许多网络中的"小世界"现象（"Small-world" Phenomena），比如电网、杆线虫（C. elegans）的神经网络、电影演员的社交网络[2]以及芽殖酵母脂肪代谢[3]

---

[1] Watts, D. J.; Strogatz, S. H. (1998). "Collective dynamics of 'small-world' networks" (PDF). Nature. 393 (6684): 440–442.

[2] Teotonio, Isabel (September 13, 2012). "Google adds Six Degrees of Kevin Bacon to search engine". Toronto Star. Retrieved January 31, 2018.

[3] Al-Anzi, Bader; Arpp, Patrick; Gerges, Sherif; Ormerod, Christopher; Olsman, Noah; Zinn, Kai (2015). "Experimental and Computational Analysis of a Large Protein Network That Controls Fat Storage Reveals the Design Principles of a Signaling Network".

的信息交流；

（4）WS 模型的主要局限性是会产生不符实际的度分布。相较而言，现实中的网络通常是非齐次的"无标度"网络（Scale-Free Graph），有中心节点的存在和无标度的度分布。关于无标度图的内容，请参见后面关于 BA 网络的章节。

8.7.6 过程调用接口 – apoc.generate.ws

| 过程接口 | ```
CALL apoc.generate.ws(
  noNodes,
  degree,
  beta,
  label,
  relType
)
``` |
|---|---|

apoc.generate.ws 过程参数如表 8-12 所示。

表 8-12 apoc.generate.ws 过程参数

参数名	类型	默认值	可为空？	说明
noNodes	非负长整数	1000	是	随机生成的节点总数
degree	非负长整数	4	是	随机生成图的每节点平均边/关系数
beta	[0,1]之间的浮点数	0.5	是	生成图的β取值。 0 – 所有节点的度数都是 degree 中指定的值 1 – 节点度数的分布则与 ER 图相似，通常取值 0.5
label	字符串	NULL	是	节点标签。如果为空则默认为 Person，并且会为每个 Person 节点生成一个英文名字保存在 name 属性中
relType	字符串	NULL	是	关系类型。如果为空则默认为 FRIENDS_OF

8.7.7 示例 – apoc.generate.ws

```
// 8.7(3.1) 生成一个有10万节点、30万条边的 WS 图。
//         使用不同的 beta 值：0，0.5和1。
//  节点标签为 Node，边/关系类型为 LINKS。
CALL apoc.generate.ws(100000,4,0,'NodeWS1', 'LINKS1')

// 8.7(3.2) beta = 0.5
CALL apoc.generate.ws(100000,4,0.5,'NodeWS2', 'LINKS2')

// 8.7(3.3) beta = 1
CALL apoc.generate.ws(100000,4,1,'NodeWS3', 'LINKS3')
```

运行 8.7(3.*)中的查询后，可以得到下面的结果（参考图 8-5）：

● 当 beta＝0 时，所有节点的度数都是相同的。
```

- 当 beta＝1 时，所有节点的度的分布和 ER 图一致。
- 当 beta＝0.5 时，所有节点的度的分布在平均值附近更集中。

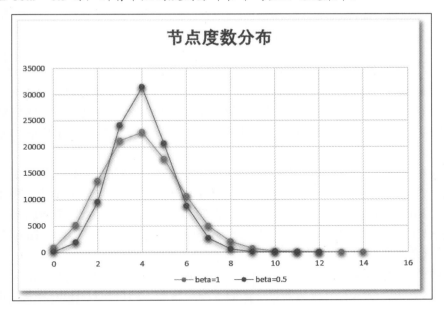

图 8-5　WS 生成图的节点度数分布

8.7.8　过程概述 – apoc.generate.ba

Barabási 和 Albert(1999)的"富者更富"（Rich get richer）生成模型（BA 模型[1]）是最被熟知的无标度网络子集的生成模型。这个模型让每个网页根据一个非均匀的概率分布与已有网页建立连接，这个概率分布与当前网页的入度数成比例。根据这个过程，拥有更多入度的的网页相较一般网页会吸引更多的链接。这样的机制会产生"幂律"（Power Law）。

无标度网络（Scale-Free Network）是一种度分布（即对复杂网络中节点度数的总体描述）服从或者接近幂律分布的复杂网络。尽管许多真实世界的网络被认为是无标度的，然而其证明却往往因为愈发严格的数据分析技术而显得不够充分。由此，许多网络的无标度性还在科学社群中处于争论中。一些声称是无标度的网络包括：

- 社交网络（Social Networks），包括合作网络。两个被广泛研究的示例是演员合演电影的合作网络和数学家合著论文的合作网络。
- 许多种电脑网络，包括互联网和万维网的网图。

---

[1] Barabási, A.-L. and R. Albert, Science 286, 509 (1999).

- 一些金融网络，如银行间支付网络[1] [2]。
- 蛋白质-蛋白质相互作用网络。
- 语义网络[3]。
- 航空航线网络。

BA 图/无标度图拥有以下特征：

（1）普遍存在度远高于平均值的节点。度最高的节点通常称为枢纽（Hub），被认为在网络中起到特殊作用，尽管这还要看具体在网络的哪个区域。无标度性与网络应对故障的鲁棒性有很大关系。主要的 Hub 节点通常连接着小的 Hub 节点。这些小的 Hub 节点再伴随着度更小的节点。

（2）无标度图的层级关系使得网络拥有一定的容错行为。如果错误随机发生，并且大量节点都具有较小的度，那么 Hub 节点受影响的概率微乎其微。即便 Hub 节点出现了错误，因为还有其他 Hub 节点，网络通常不会失去原来的连通性。然而，如果定向选择一些主要的 Hub 节点并把它们从网络中去除，网络便会转为许多相对离散的图。因此，Hub 节点既是无标度网络的优势又是劣势。

（3）随节点度数升高而降低的聚集系数（Clustering Coefficient）分布。这个分布也服从幂律分布。这表明度数低的节点从属于致密的子图，这些子图再通过 Hub 节点互相连接。试想一个社交网络，它的节点是人，而链接是熟人关系。很容易得出人们倾向于形成社群，也就是互相熟识的团体。

（4）在实践中，一个生长中的无标度网络的半径几乎可以被认作是一个定值。

8.7.9　过程调用接口 – apoc.generate.ba

<table>
<tr><td rowspan="6">过程接口</td><td>CALL apoc.generate.ba(</td></tr>
<tr><td>　noNodes,</td></tr>
<tr><td>　edgesPerNode,</td></tr>
<tr><td>　label,</td></tr>
<tr><td>　relType</td></tr>
<tr><td>)</td></tr>
</table>

apoc.generate.ba 过程参数如表 8-13 所示。

表 8-13　apoc.generate.ba 过程参数

参数名	类型	默认值	可为空？	说明
noNodes	非负长整数	1000	是	随机生成的节点总数
edgesPerNode	非负长整数	2	是	每个节点的边数量的一半。实际生成图时会按照这个数值生成出边和入边，因此会有 2 倍的边

[1] De Masi, Giulia; et al. (2006). "Fitness model for the Italian interbank money market". Physical Review E. 74 (6): 066112.
[2] Soramäki, Kimmo; et al. (2007). "The topology of interbank payment flows". Physical A: Statistical Mechanics and its Applications. 379 (1): 317–333
[3] Steyvers, Mark; Joshua B. Tenenbaum (2005). "The Large-Scale Structure of Semantic Networks: Statistical Analyses and a Model of Semantic Growth". Cognitive Science. 29 (1): 41–78.

（续表）

参数名	类型	默认值	可为空？	说明
label	字符串	NULL	是	节点标签。如果为空则默认为 Person，并且会为每个 Person 节点生成一个英文名字保存在 name 属性中
relType	字符串	NULL	是	关系类型。如果为空则默认为 FRIENDS_OF

8.7.10　示例 – apoc.generate.ba

```cypher
// 8.7(4) 生成一个有10万节点、80万条边的 BA 图。
//        节点标签为 NodeBA，边/关系类型为 LINKS4。
//        执行时间：1872ms

CALL apoc.generate.ba(100000,4,'NodeBA', 'LINKS4')

// 8.7(5) 统计生成的图中、节点度的分布。

MATCH (u:NodeBA)
WITH size ((u) -- ()) AS countOfRels
WITH countOfRels, count(countOfRels) AS cnt
RETURN countOfRels, cnt
ORDER BY countOfRels ASC
```

运行 8.7(4)和 8.7(5)中的查询后，可以得到如图 8-6 所示的结果（图中仅显示到度数<200 的节点）。

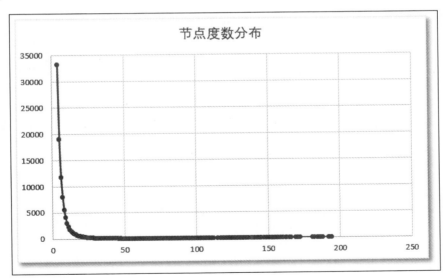

图 8-6　BA 生成图的节点度数分布

8.7.11 过程概述 – apoc.generate.complete

本过程生成一个完全图。在完全图中，每个节点都有到所有其他节点的边。在无向图中，有 N 个节点的完全图有 N × (N − 1) / 2 个边。Neo4j 在存储关系时必须指定关系的方向，因此 APOC 会生成从 id 较小的节点出发到 id 较大的节点的边。

8.7.12 过程调用接口 – apoc.generate.complete

<table>
<tr><td rowspan="5">过
程
接
口</td><td>

```
CALL apoc.generate.complete(
  noNodes,
  label,
  relType
)
```
</td></tr>
</table>

apoc.generate.complete 过程参数如表 8-14 所示。

表 8-14　apoc.generate.complete 过程参数

参数名	类型	默认值	可为空？	说明
noNodes	非负长整数	1000	是	随机生成的节点总数
label	字符串	NULL	是	节点标签。如果为空则默认为 Person，并且会为每个 Person 节点生成一个英文名字保存在 name 属性中
relType	字符串	NULL	是	关系类型。如果为空则默认为 FRIENDS_OF

8.7.13 示例 – apoc.generate.complete

<table>
<tr><td rowspan="1">C
Y
P
H
E
R</td><td>

```
// 8.7(7) 生成一个有10个节点的完全图。
//        节点标签为 NodeCm，边/关系类型为 LINKS_CM。
//        执行时间：10ms

CALL apoc.generate.complete(10,'NodeCm', 'LINKS_CM')

// 8.7(8) 统计生成的图中、节点度的分布。

MATCH (u:NodeCm)
WITH size ((u) -- ()) AS countOfRels
WITH countOfRels, count(countOfRels) AS cnt
RETURN countOfRels, cnt
ORDER BY countOfRels ASC
```
</td></tr>
</table>

查询 8.7(7)生成一个小型的完全图：10 个节点，45 条边。生成的 10 个节点中，id 最小

的节点拥有 9 条出发（Outgoing）的边，id 第二小的节点拥有 8 条出发的边，以此类推，节点 id 最大的节点没有出发的边而只有进入的边。

8.7.14　过程概述 – apoc.generate.simple

apoc.generate.simple 过程根据指定的节点度数生成图。该过程要求一个非负整数的数组作为参数之一，其中的每个元素是节点的度，例如：[2,2,2,2]表示 4 个节点，每个节点的度都是 2。[2,2,3,3]表示 4 个节点，其中 2 个节点的度是 2，2 个节点的度是 3。节点的度数的顺序无关，但是最终生成的必须是合法的图，即每条边必须连接 2 个节点。[1,2,3,4]这样的序列会产生错误，因为无法构造一个合法的图，其中 4 个节点的度数分别是 1、2、3、4。

8.7.15　过程调用接口 – apoc.generate.simple

```
过程接口
CALL apoc.generate.complete(
  degree,
  label,
  relType
)
```

apoc.generate.simple 过程参数如表 8-15 所示。

表 8-15　apoc.generate.simple 过程参数

参数名	类型	默认值	可为空？	说明
degrees	非负整数数组	[]	是	节点的度数
label	字符串	NULL	是	节点标签。如果为空则默认为 Person，并且会为每个 Person 节点生成一个英文名字保存在 name 属性中
relType	字符串	NULL	是	关系类型。如果为空则默认为 FRIENDS_OF

8.7.16　示例 – apoc.generate.simple

```
// 8.7(9) 生成一个有6个节点的图。
//        节点标签为NodeSm，边/关系类型为LINKS5。

CALL apoc.generate.simple([2,2,3,3,0,0], 'NodeSm', 'LINKS5')
```

查询 8.9(9)生成一个小型的图（见图 8-7）：其中 2 个节点的度是 0，2 个节点的度是 2，2 个节点的度是 3。这是一个"合法"的图。

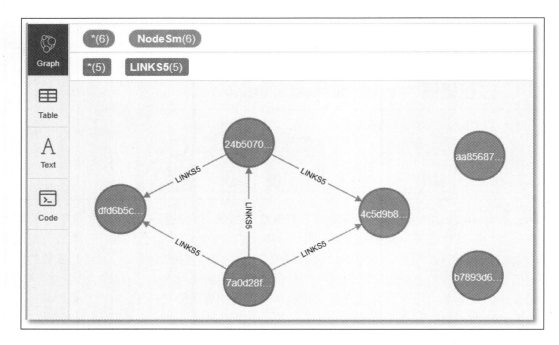

图 8-7　简单生成图的例子

第 9 章

◀ 虚拟图 ▶

虚拟节点、关系和属性是仅存在于内存的图数据对象，它们可以被显示、计算，但是并不实际存在于数据库存储中。

9.1 虚拟图概述

虚拟图过程/函数如表 9-1 所示。

表 9-1　虚拟图过程/函数

过程/函数名	调用接口	说明
apoc.create.vNode	CALL　apoc.create.vNode(['Label'],　{key:value,…}) YIELD node	返回一个虚拟节点
apoc.create.vNodes	CALL　apoc.create.vNodes(['Label'],　[{key:value,…}])	返回多个虚拟节点
apoc.create.vRelationship	CALL apoc.create.vRelationship(nodeFrom, 'KNOWS',{key:value,…}, nodeTo) YIELD rel	返回虚拟关系
apoc.create.vRelationship	apoc.create.vRelationship(nodeFrom,'KNOWS', {key:value,…}, nodeTo)	函数返回虚拟关系
apoc.create.vPattern	CALL apoc.create.vPattern({_labels:['LabelA'], key:value},'KNOWS',{key:value,…}, {_labels:['LabelB'],key:value})	返回虚拟模式
apoc.create.vPatternFull	CALL apoc.create.vPatternFull(['LabelA'], {key:value},'KNOWS',{key:value,…},['LabelB'], {key:value})	返回虚拟模式
apoc.graph.fromData	CALL apoc.graph.fromData(　　nodeList, relationshipList, 　　name,{properties}) YIELD graph	从给定节点和关系列表创建一个虚拟图对象以供以后处理
apoc.graph.fromDocument	CALL apoc.graph.fromDocument(　　{json},{config}) YIELD graph	从 JSON 文档中创建图对象

（续表）

过程/函数名	调用接口	说明
apoc.graph.fromPaths	CALL apoc.graph.fromPaths(　　path,name,{properties}) YIELD graph	从给定路径对象创建一个 虚拟图对象以供以后处理
apoc.graph.fromPaths	CALL apoc.graph.fromPaths(　　[paths],'name',{properties}) YIELD graph	从给定路径列表创建一个 虚拟图对象以供以后处理
apoc.graph.fromDB	CALL apoc.graph.fromDB(　　'name',{properties}) YIELD graph	从给定数据库创建一个虚 拟图对象以供以后处理
apoc.graph.fromCypher	CALL apoc.graph.fromCypher(　　'statement',{params}, 　　'name',{properties}) YIELD graph	将 Cypher 查询执行结果转 换成虚拟图对象以供以后 处理
apoc.agg.graph	CALL apoc.agg.graph(element) YIELD graph	将给定元素聚合到具有唯 一"节点"和"关系"集 的虚拟图中
apoc.graph.validate Document	CALL apoc.graph.validateDocument(　　{json},{config}) YIELD graph	校验 JSON 文档内容并返 回结果
apoc.nodes.group	CALL apoc.nodes.group(　　labels,properties, 　　[grouping], [config]) YIELD nodes, relationships	对图中节点和关系进行汇 总/分组操作

9.2　虚拟节点和关系

9.2.1　概述

　　虚拟节点和虚拟关系可以构成虚拟图，它们并不存在于数据库中，但是可以在浏览器中显示。虚拟节点和虚拟关系显示的内部 id 都是负值，如图 9-1 所示。

　　在显示数据库元图（metagraph）时，不管是使用 CALL db.schema，还是 CALL apoc.meta.graph（参见 7.4 节），在浏览中显示的表示标签的节点和表示关系类型的有箭头连线，都是虚拟的。

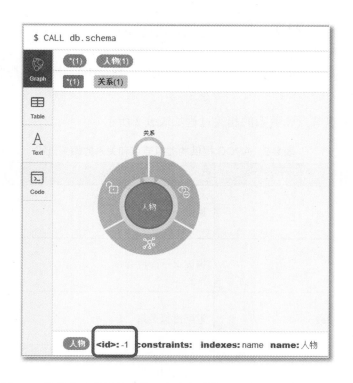

图 9-1　数据库元数据显示的（代表标签的）节点和关系拥有负数 id

虚拟节点和关系可以有很多用途：

（1）创建不在数据库中的数据的可视化表示。比如说，从其他数据库读取数据后创建虚拟图并显示在浏览器中。apoc.bolt.load 过程支持这样操作。

（2）在 db.schema 和 apoc.meta.graph 中使用。

（3）创建图投射（Graph Projection）将关系聚合为一个，或将若干中间节点折叠成一个虚拟关系等。在实际应用中，可以将文献引用关系图投影到虚拟的"作者-作者"或"论文-论文"关系图中，并在它们之间创建虚拟的聚合关系；也可以将 Twitter 数据转换为"用户-[提及]-用户"关系图。后面介绍的 apoc.nodes.group 过程可以自动化上述虚拟图创建的操作。

（4）组合实体和虚拟实体。例如，将两个真实节点与虚拟关系连接，或者通过虚拟关系将虚拟节点连接到真实节点。

（5）虚拟图可以导出到文件。

（6）有选择性地创建对应于实体节点的虚拟节点，虚拟节点仅包括必须的属性，而将不需要的属性排除，例如冗长的文本属性。这也适用于关系。

（7）可视化由图算法找到的聚类。在社区检测算法运行完成后，可以创建虚拟节点代表社区，将信息聚合到更高的抽象层次，显示图的结构。

（8）在路径搜索中创建虚拟的中介节点，以跳过较长路径中的中间节点。

虚拟实体被所有可视化工具支持，包括 Neo4j Browser、Bloom、Neovis，以及所有驱动程序。

必须要记住的是：由于无法从图数据库中查找创建的虚拟节点和关系，因此必须将它们保存在内存中自定义的数据结构中。一种方法是通过 apoc.map.groupBy 从实体列表创建一个映射，由给定属性的值作为搜索键。

出于同样的原因，Cypher 本身无法访问虚拟实体，包括 ID、标签、类型、属性，而只能通过相关过程和函数。

APOC 提供的虚拟节点和关系的相关过程如表 9-2 所示。

表 9-2　APOC 提供的虚拟节点和关系的相关过程

函数名称	说明
apoc.create.vNode(　labelList, props) YIELD node	返回一个虚拟节点
apoc.create.vNodes(　labelList, propList) YIELD node	返回多个虚拟节点
apoc.create.vRelationship(　nodeFrom,rel,props, nodeTo) YIELD rel	返回虚拟关系
apoc.create.vRelationship(　nodeFrom,rel,props,nodeTo) YIELD rel	函数返回虚拟关系
apoc.create.vPattern(　fromNodeDef, 　rel,　relProps, 　toNodeDef) YIELD from, rel, to	返回虚拟模式
apoc.create.vPatternFull(　['LabelA'],　{key:value}, 　'KNOWS',　{key:value,…}, 　['LabelB'],　{key:value}) YIELD from, rel, to	返回虚拟模式
apoc.nodes.collapse(nodeList, {config})	将给定的节点列表合并到一个虚拟节点

9.2.2　过程概述 – apoc.create.vNode

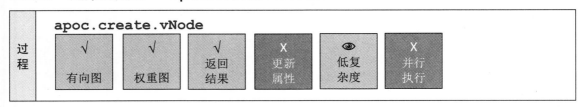

9.2.3　过程调用接口 – apoc.create.vNode

```
过  // 创建一个虚拟节点
程  CALL apoc.create.vNode(
接    ,labelList,props
口  )
   YIELD node
```

上述过程的参数说明如表 9-3 所示。

表 9-3　apoc.create.vNode 过程参数

参数名	类型和取值	说明
labelList	字符串数组	虚拟节点的标签数组
props	映射（Map）	虚拟节点的属性及值，可以为属性指定 NULL 值

9.2.4　示例 – apoc.create.vNode

```
C   // 9.2(1) 创建一个代表"诸葛亮"的虚拟节点。
Y   //        诸葛亮拥有两个标签：人物、文臣，和两属性：name、title
P   //
H   CALL apoc.create.vNodes(
E     ['人物','文臣'],
R     {name:'诸葛亮',title:'忠武候'}
    )
    YIELD node
    RETURN node
```

9.2.5　过程概述 – apoc.create.vNodes

9.2.6　过程调用接口 – apoc.create.vNodes

```
过  // 创建多个虚拟节点
程  CALL apoc.create.vNodes(
接    labelList, propList
口  )
   YIELD node
```

apoc.create.vNodes 过程参数如表 9-4 所示。

表 9-4　apoc.create.vNodes 过程参数

参数名	类型和取值	说明
labelList	字符串数组	虚拟节点的标签数组
propList	MAP 数组	虚拟节点的属性及值数组，可以为属性指定 NULL 值

9.2.7　示例 – apoc.create.vNodes

```cypher
// 9.2(2) 创建两个拥有相同标签的虚拟节点:
//         - 诸葛亮, 有属性 name 和 title
//         - 庞统, 有属性 name。

CALL apoc.create.vNodes(
  ['人物','文臣'],
  [{name:'诸葛亮',title:'忠武候'},{name:'庞统'}]
)
YIELD node
RETURN node
```

9.2.8　过程概述 – apoc.create.vRelationship

9.2.9　过程调用接口 – apoc.create.vRelationship

```
// 创建一个虚拟关系
CALL apoc.create.vRelationship(
  nodeFrom, rel, props, nodeTo
)
YIELD rel
```

apoc.create.vRelationship 过程参数如表 9-5 所示。

表 9-5　apoc.create.vRelationship 过程参数

参数名	类型和取值	说明
nodeFrom	节点	虚拟关系的起始节点，可以是真实节点，也可以是虚拟节点
rel	字符串/关系类型名	关系类型名
props	映射（Map）	关系的属性
nodeTo	节点	虚拟关系的终止节点，可以是真实节点，也可以是虚拟节点

9.2.10　示例 – apoc.create.vRelationship

```cypher
// 9.2(3) 创建两个拥有相同标签的虚拟节点：
//        - 诸葛亮，有属性 name 和 title
//        - 庞统，有属性 name
//          然后创建虚拟关系"关系"连接这两个节点。

CALL apoc.create.vNodes (
  ['人物','文臣'],
  [{name:'诸葛亮',title:'忠武候'},{name:'庞统'}]
)
YIELD node
WITH collect(node) AS nodes
CALL apoc.create.vRelationship(
  nodes[0],'关系',{relationship:'同僚'},nodes[1]
)
YIELD rel
RETURN *


// 9.2(4) 在一个实际节点(刘备)和虚拟节点(诸葛亮与庞统)之间创建虚拟关系。

CALL apoc.create.vNodes(
  ['人物','文臣'],
  [{name:'诸葛亮',title:'忠武候'},{name:'庞统'}]
)
YIELD node
WITH node
MATCH (n2:人物{name:'刘备'})
CALL apoc.create.vRelationship(
  n2,'关系',{relationship:'主公'},node
)
YIELD rel
RETURN *
```

小心使用

虚拟节点并不实际存在于数据库中的。因此，如果试图在实际节点和虚拟节点之间创建实际关系（使用 **CREATE** 或 **MERGE**），则会得到以下页越界错误：

```
Neo.DatabaseError.General.UnknownError

Neo.DatabaseError.General.UnknownError: Access to record Node[-
18,used=false, rel=-1,prop=-1,labels=Inline(0x0:[]),light,
secondaryUnitId=-1] went out of bounds of the page. The record
size is 15 bytes, and the access was at offset -270 bytes into
page 0, and the pages have a capacity of 8190 bytes. The mapped
store file in question is …\neostore.nodestore.db
```

9.2.11　过程概述 – apoc.create.vPattern

9.2.12　过程调用接口 – apoc.create.vPattern

```
// 创建一个虚拟模式：节点-关系-节点，相当于分别执行
// create.vNodes 和 create.vRelationship 各一次的效果。
CALL apoc.create.vPattern(
  fromNodeDef, rel, relProps, toNodeDef
)
YIELD from, rel, to
```

apoc.create.vPattern 过程参数如表 9-6 所示。

表 9-6　apoc.create.vPattern 过程参数

参数名	类型和取值	说明
fromNodeDef	映射（Map）	起始虚拟节点的定义。格式如下：{_labels:['LabelA'],key:value}
rel	字符串/关系类型名	关系类型名
relProps	映射（Map）	关系的属性
toNodeDef	映射（Map）	终止虚拟节点的定义。格式如下：{_labels:['LabelA'],key:value}

9.2.13　示例 – apoc.create.vPattern

```
// 9.2(5) 创建两个拥有相同标签的虚拟节点：
//       - 诸葛亮，有属性 name 和 title
//       - 庞统，有属性 name
//       然后创建虚拟关系"关系"连接这两个节点。

CALL apoc.create.vPattern (
  {_labels:['人物','文臣'], name:'诸葛亮',title:'忠武候'},
  '关系',
  {relationship:'同僚'},
  {_labels:['人物','文臣'], name:'庞统'}
)
YIELD from, rel, to
RETURN *
```

9.2.14　过程概述 – apoc.create.vPatternFull

过程	apoc.create.vPatternFull					
	√ 有向图	√ 权重图	√ 返回结果	X 更新属性	◉ 低复杂度	X 并行执行

9.2.15　过程调用接口 – apoc.create.vPatternFull

```
// 创建一个虚拟模式：节点-关系-节点，相当于分别执行
// create.vNodes 和 create.vRelationship 各一次的效果。
CALL apoc.create.vPatternFull(
  fromNodeLabels, fromNodeProps,
  rel, relProps,
  toNodeLabels, toNodeProps
)
YIELD from, rel, to
```

apoc.create.vPatternFull 过程参数如表 9-7 所示。

表 9-7　apoc.create.vPatternFull 过程参数

参数名	类型和取值	说明
fromNodeLabels	字符串数组	起始虚拟节点的标签
fromNodeProps	映射（Map）	起始虚拟节点的属性
rel	字符串/关系类型名	关系类型名
relProps	映射（Map）	关系的属性
toNodeLabels	字符串数组	终止虚拟节点的标签
toNodeProps	映射（Map）	终止虚拟节点的属性

vPatternFull()的功能与 vPattern()(9.2.11)基本一样，唯一的区别是参数的类型不同。vPatternFull()的所有起始节点和终止节点的标签和属性作为参数各自传入。因此，对于例子 9.2(5)中的查询，使用 vPatternFull()的调用方法为：

```
// 9.2(6) 创建两个拥有相同标签的虚拟节点：

CALL apoc.create.vPatternFull(
  ['人物','文臣'], {name:'诸葛亮',title:'忠武候'},
  '关系', {relationship:'同僚'},
  ['人物','文臣'], {name:'庞统'}
)
YIELD from, rel, to
```

执行 9.2(3)、9.2(5)和上面的查询，都会得到如图 9-2 所示相同的结果。

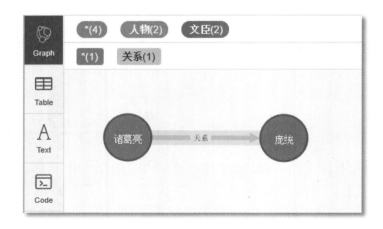

图 9-2　创建虚拟模式的例子

9.2.16　过程概述 – apoc.nodes.collapse

apoc.nodes.collapse()过程与 apoc.refactor.mergeNodes()的作用类似，唯一的区别是 collapse()过程的结果是创建一个虚拟节点，它的标签和属性来自 nodeList 中节点合并后的结果。

9.2.17　过程调用接口 – apoc.nodes.collapse

```
// 将多个节点合并到一个虚拟节点
CALL apoc.nodes.collapse(
    nodeList, { configurations }
)
YIELD from, rel, to
```

apoc.nodes.collapse 过程参数如表 9-8 所示。

表 9-8　apoc.nodes.collapse 过程参数

参数名	类型	默认值	可为空？	说明
nodeList	节点数组	无	否	待合并节点的数组
{configurations}				
properties	字符串	'discard'	是	定义每个属性的复制方式： - discard：默认值。使用数组中第一个节点的属性，后续节点的相同属性则不复制 - combine：把属性值合并到数组 - overwrite：使用数组中最后一个节点的属性值

（续表）

参数名	类型	默认值	可为空?	说明
mergeVirtualRels	布尔值	true	是	是否合并关系。当为 true 时在合并节点时也会合并重复关系。参见 mergeRelationships()过程
selfRel	布尔值	false	是	是否创建指向自己的关系
countMerge	布尔值	true	是	是否统计合并的关系和节点总数
collapsedLabel	布尔值	false	是	是否为最终合并的节点增加 Collapse 标签

9.2.18　示例 – apoc.nodes.collapse

假设我们有下面的样例数据：其中代表"刘备"的 4 个节点有不同的属性和值。

```cypher
// 9.2(7) 合并所有"刘备"及其兄弟节点到虚拟节点。
//      参数：- 保留所有属性
//            - 统计合并的节点数
MATCH (n:人物{name:'刘备'}) -[:关系{relationship:'兄长'}]-> (m)
WITH n + collect(m) AS nodes
CALL apoc.nodes.collapse(nodes,{properties:'combine'})
YIELD from,rel,to
RETURN from,rel,to
```

查询 9.2(6)的执行结果如图 9-3 所示。

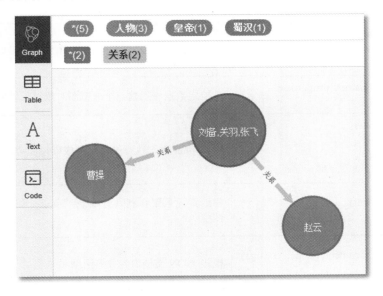

图 9-3　创建合并的虚拟节点

9.3 虚拟图

9.3.1 概述

虚拟图对象可以用于进一步的图算法分析中（参见第三部分 – ALGO 图算法扩展）。用来创建虚拟图的数据结构是映射（Map），其通用格式是：

```
{name:"Name",properties:{properties},nodes:[nodes],relationships:
[relationships]}
```

APOC 提供的虚拟图相关过程如表 9-9 所示。

表 9-9　APOC 提供的虚拟图相关过程

过程名称	说明
apoc.graph.fromData(　nodeList, relationshipList, 　name,{properties}) YIELD graph	从给定节点和关系列表创建一个虚拟图对象以供以后处理
apoc.graph.fromDocument({json},{config}) YIELD graph	从 JSON 文档中创建图对象
apoc.graph.fromPaths(　path,name,{properties}) YIELD graph	从给定路径对象创建一个虚拟图对象以供以后处理
apoc.graph.fromPaths(　[paths],'name',{properties}) YIELD graph	从给定路径列表创建一个虚拟图对象以供以后处理
apoc.graph.fromDB('name',{properties}) YIELD graph	从给定数据库创建一个虚拟图对象以供以后处理
apoc.graph.fromCypher(　'statement',{params}, 　'name',{properties}) YIELD graph	将 Cypher 查询执行结果转换成虚拟图对象以供以后处理
apoc.agg.graph(element) YIELD graph	将给定元素聚合到具有唯一"节点"和"关系"集的虚拟图中
apoc.graph.validateDocument({json},{config}) YIELD graph	校验 JSON 文档内容并返回结果
apoc.nodes.group(labels,properties, [grouping], [config]) YIELD nodes, relationships	对图中节点和关系进行汇总/分组操作

9.3.2　过程概述 – apoc.graph.fromData

9.3.3　过程调用接口 – apoc.graph.fromData

过程接口	// 创建一个图对象 CALL apoc.graph.fromData(　nodes,relationships,name,{properties}) YIELD graph

上述过程的参数说明如表 9-10 所示。

表 9-10　apoc.graph.fromData 过程参数

参数名	类型和取值	说明
nodes	数组	节点数组
relationships	数组	关系数组
name	字符串	虚拟图的名称
{properties}	映射（Map）	属性集合

9.3.4　示例 – apoc.graph.fromData

```cypher
// 9.3(1) 创建一个包含"刘备"及其所有兄弟的虚拟图。
MATCH (n:人物{name:'刘备'}) -[r:关系{relationship:'兄长'}]-> (m)
CALL apoc.graph.fromData(
  [n,m],[r],'graph1',{type:'兄弟关系'}
)
YIELD graph
RETURN *
```

9.3.5　过程概述 – apoc.graph.fromPath

9.3.6　过程调用接口 – apoc.graph.fromPath

<table>
<tr><td rowspan="7">过
程
接
口</td><td>

```
// 创建一个图对象
CALL apoc.graph.fromPath(
  path,name,{properties}
)
YIELD graph
```
</td></tr>
</table>

上述过程的参数说明如表 9-11 所示。

表 9-11　apoc.graph.fromPath 过程参数

参数名	类型和取值	说明
path	路径对象	路径
name	字符串	虚拟图的名称
{properties}	映射（Map）	属性集合

9.3.7　示例 – apoc.graph.fromPath

<table>
<tr><td>C
Y
P
H
E
R</td><td>

```
// 9.3(2) 创建一个包含"刘备"及其所有兄弟的虚拟图。

MATCH path = (n:人物{name:'刘备'})
             -[r:关系*1..2{relationship:'兄长'}]-> (m)
CALL apoc.graph.fromPath(
  (path,'graph1',{type:'兄弟关系'}
)
YIELD graph
RETURN *
```
</td></tr>
</table>

9.3.8　过程概述 – apoc.graph.fromPaths

apoc.graph.fromPaths 与 apoc.graph.fromPath 类似，区别是其路径参数是一个路径数组。

9.3.9　过程概述 – apoc.graph.fromCypher

9.3.10　过程调用接口 – apoc.graph.fromCypher

<table>
<tr><td rowspan="7">过
程
接
口</td><td>

```
// 通过执行 Cypher 创建一个图对象
CALL apoc.graph.fromCypher(
  statement,{params},name,{properties}
)
YIELD graph
```
</td></tr>
</table>

上述过程的参数说明如表 9-12 所示。

表 9-12　apoc.graph.fromCypher 过程参数

参数名	类型和取值	说明
statement	字符串	待执行的 Cypher 语句
{params}	映射（Map）	Cypher 查询的参数
name	字符串	虚拟图的名称
{properties}	映射（Map）	属性集合

9.3.11　示例 – apoc.graph.fromCypher

```cypher
// 9.3(3) 通过执行 Cypher 查询创建一个包含"刘备"及其所有兄弟的虚拟图。
//        "刘备"作为查询的参数带入。

CALL apoc.graph.fromCypher(
  "MATCH (n:人物{name:$name}) -[r:关系*1..2{relationship:'兄长'}]-> (m)
RETURN *",
  {name:'刘备'}, 'graph1',{type:'兄弟关系'})
YIELD graph
RETURN *
```

9.3.12　过程概述 – apoc.graph.fromDocument

9.3.13　过程调用接口 – apoc.graph.fromDocument

```
// 从 JSON 文件加载一个图对象
CALL apoc.graph.fromDocument(
  {json},{config}
)
YIELD graph
```

上述过程的参数说明如表 9-13 所示。

表 9-13　apoc.graph.fromDocument 过程参数

参数名	类型	可以为 NULL	默认值	说明
{json}	映射（Map）	否	无	包含节点、标签和属性的 JSON 文档
{config}	映射（Map）	是		导入配置选项，取值参见本表下面各行的说明
write	布尔值	是	false	是否将图写入数据库，默认为 false
labelField	字符串	是	'type'	包含节点标签的字段名
idField	字符串	是	'id'	包含节点 id 的字段名

重要技巧

搜索图中某节点的 k-最近邻（k-度邻居），也可以用下面的 Cypher：

MATCH (n:Node) -[*..k]- () RETURN nodes(path)

Cypher 会返回所有长度小于等于 k 的路径，在图中存在环、繁忙节点或者节点之间存在多个关系时，这会是一个非常消耗资源的操作，因为需要计算大量重复节点和关系构成的路径。

apoc.path.subgraphNodes() 则可以更高效地返回 k-最近邻。

小心使用

目前版本的 APOC 还不支持 JSON 文档中的时间戳和地理坐标数据类型。

JSON 文档中包含节点类型和属性数据，可以是单个节点，也可以是节点集合。如果有嵌套的结构，则会在父结构（节点）和子结构（节点）之间创建关系。请参考下面的例子。

9.3.14 示例 – apoc.graph.fromDocument

以下是使用的 JSON 文档样例：

```
J
S   [{
O       'id': 1,
N       'name': '刘备',
        'type': '人物',
        'title': '昭烈皇帝'
    },{
        'id': 2,
        'name': '关羽',
        'type': '人物',
        'title': '汉寿亭候',
        '使用兵器': [{
                'id', 3,
                'name': '青龙偃月刀',
                'type': '兵器'
        }]
    }]
}]
```

```
C   // 9.3(4) 通过解析 JSON 文档创建一个包含"刘备"、"关羽"节点
Y   //          及其使用(关系)的兵器的虚拟图。
P
H   CALL apoc.graph.fromDocument(
E   "[{'id': 1,'name': '刘备','type': '人物','title': '昭烈皇帝' },{'id':
R   2,'name': '关羽','type': '人物','title': '汉寿亭候','使用兵器': [{'id':
    3,'name': '青龙偃月刀','type': '兵器'}]}]",
      {})
    YIELD graph
    RETURN *
```

查询 9.3(4)的执行结果如图 9-4 所示。

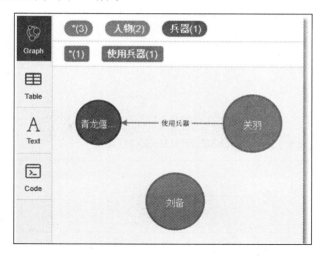

图 9-4　apoc.graph.fromDocument()的例子

 小心使用	在定义 JSON 文档时，需要注意以下几点： - 每个节点都必须有标识其唯一性的 id 字段，其字段名则不一定必须是 id，可以在 idField 选项中指定； - 每个节点必须有指定其标签的 type 字段，其字段名则不一定必须是 type，可以在 labelField 选项中指定； - 标签字段（默认为 type）只能是字符串类型，目前不支持数组； - 节点之间的关系目前只能通过嵌套的结构来声明。

💡 重要技巧	可以使用 apoc.graph.validateDocument(json,{config})过程对 JSON 文档进行校验、检查错误以确保其内容可以被正确加载为 graph 对象。

9.3.15　过程概述 – apoc.nodes.group

大型的图通常难以被理解和可视化。在关系数据库中，数据以表状结构被处理和展现，可以针对某（几）个字段对记录进行汇总。类似的，APOC 的"节点分组"过程可以按照节点的特定属性进行汇总、产生虚拟节点，原先节点之间的关系也会被汇总，从而得到概括程度更高的图。

目前支持的汇总操作可以在节点和关系的属性上进行，包括：

183

- count_*
- count
- sum
- min/max
- avg
- collect

9.3.16 过程调用接口 – apoc.nodes.group

```
// 按照特定属性对节点进行分组
CALL apoc.nodes.group(
  labels, properties, groupings, {config}
)
YIELD nodes, relationships
```

上述过程的参数说明如表 9-14 所示。

表 9-14 apoc.nodes.group 过程参数

参数名	类型	可否为空	默认值	说明
labels	字符串数组	否	无	标签数组
properties	字符串数组	否	无	汇总/分组属性
groupings	MAP 数组	是	[]	节点和标签属性的汇总/分组操作符。格式如下： [{nodeProp: operator, … }, {relProp: operator, …}] 属性名支持通配符，格式为`*`。这里要使用字符(`)，ASCII 码值为 96，而不是单引号。 支持的汇总操作符如下： - count_* - count - sum - min/max - avg - collect
{config}	映射（Map）			配置选项，参见本表下面各行的说明
selfRels	布尔值	是	true	是否显示自连接关系
orphans	布尔值	是	true	是否显示"孤儿"节点
limitNodes	整数	是	-1	最大节点数，-1 表示所有节点
limitRels	整数	是	-1	最大关系数，-1 表示所有关系
relsPerNode	整数	是	-1	每节点最大关系数，-1 表示所有关系
filter	映射（Map）	是	null	每个节点或关系的属性的最小/最大值限制，格式为： {标签/类型.属性操作符.min/max: number} 例如：{User.count_*.min:2}

9.3.17　示例 – apoc.nodes.group

```cypher
// 9.3(5a) 为每个人物节点增加 kingdom 属性。

MATCH (n:人物)
WHERE n.name IN ['刘备','关羽','张飞','赵云','马超','黄忠']
SET n.kingdom = '蜀汉'

MATCH (n:人物)
WHERE n.name IN ['曹操']
SET n.kingdom = '曹魏'

// 9.3（5b）针对"人物"节点的 kingdom 属性对图进行汇总操作。

CALL apoc.nodes.group(['人物'],['kingdom'])
YIELD nodes, relationships
RETURN *

// 9.4 针对"人物"节点的 kingdom 属性对图进行汇总操作。
//      使用节点和关系属性汇总运算符。

CALL apoc.nodes.group(
  ['人物'],['kingdom'],
  [{kingdom:['count']},{`*`:'count'}]
) YIELD nodes, relationships
RETURN *
```

运行 9.3(5a)后，三国人物关系图如图 9-5 所示。

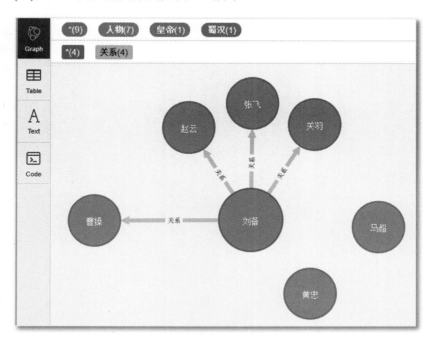

图 9-5　apoc.nodes.group()的例子 1

运行 9.3(5b)后，三国人物汇总关系图如图 9-6 所示。

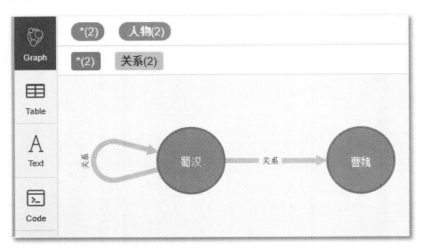

图 9-6　apoc.nodes.group()的例子 2

其中，"蜀汉"节点有属性 count_*，其值为 6（表示有 6 个节点的 kingdom 属性值为"蜀汉"）；"曹魏"节点的该属性值为 1。

从"蜀汉"到"曹魏"的"关系"边有属性 count_*，其值为 1（原图中"刘备"到"曹操"的边）。"蜀汉"指向自己节点的边"关系"的属性 count_*的值为 4，分别代表刘关张和赵云之间的 3 个边以及刘备自己。

第三部分
ALGO扩展包使用指南

路径搜索过程寻找节点之间的最短路径，采用的规则可以是跳转次数或者边的权重。在实际问题中有广泛的应用。

10.1 路径搜索概述

路径搜索过程如表 10-1 所示。

表 10-1 路径搜索过程

过程/函数名	调用接口	说明

algo.allShortestPaths.stream	CALL algo.allShortestPaths.stream(
	  weightProperty:String{nodeQuery:'labelName',
	  relationshipQuery:'relationshipName',
	  defaultValue:1.0, concurrency:4}
	)
	YIELD sourceNodeId, targetNodeId, distance
		全图最短路径过程，返回结果

algo.dfs.stream	CALL algo.dfs.stream(
	  label:String,
	  relationshipType:String,
	  startNodeId:long,
	  direction:Direction,
	  {writeProperty:String, target:long, maxDepth:long,
	   weightProperty:String, maxCost:double}
	) YIELD nodeId
		深度优先搜索过程，返回结果

algo.kShortestPaths	CALL algo.kShortestPaths(
	  startNode:Node,
	  endNode:Node,
	  k:int,
	  weightProperty:String{nodeQuery:'labelName',
	  relationshipQuery:'relationshipName', direction:'OUT',
	  defaultValue:1.0, maxDepth:42, write:'true',
	  writePropertyPrefix:'PATH_'}
	) YIELD resultCount, loadMillis, evalMillis, writeMillis
		k-条最短路径过程，更新属性

过程/函数名	调用接口	说明

algo.kShortestPaths.
stream
	CALL algo.kShortestPaths.stream(
	    startNode:Node,
	    endNode:Node,
	    k:int,
	    weightProperty:String{nodeQuery:'labelName',
	    relationshipQuery:'relationshipName', direction:'OUT',
	    defaultValue:1.0, maxDepth:42}
	) YIELD sourceNodeId, targetNodeId, nodeIds, costs
		k-条最短路径过程，返回
		结果

algo.shortestPath	CALL algo.shortestPath(
	    startNode:Node,
	    endNode:Node,
	    weightProperty:String{nodeQuery:'labelName',
	    relationshipQuery:'relationshipName', direction:'BOTH',
	    defaultValue:1.0, write:'true', writeProperty:'sssp'}
	) YIELD nodeId, cost, loadMillis, evalMillis, writeMillis
		两点之间的最短路径，
		更新属性

algo.shortestPath.
astar.stream
	CALL algo.shortestPath.astar.stream(
	    startNode:Node,
	    endNode:Node,
	    weightProperty:String,
	    propertyKeyLat:String,
	    propertyKeyLon:String,
	    { nodeQuery:'labelName',
	        relationshipQuery:'relationshipName',
	        direction:'BOTH',
	        defaultValue:1.0
	    }
	) YIELD nodeId, cost
		A*最短路径过程，返回
		结果

algo.shortestPath.
deltaStepping
	CALL algo.shortestPath.deltaStepping(
	    startNode:Node,
	    weightProperty:String,
	    delta:Double{label:'labelName',
	    relationship:'relationshipName', defaultValue:1.0,
	    write:true, writeProperty:'sssp'}
	) YIELD loadDuration, evalDuration, writeDuration,
	nodeCount
		基于差异步进算法的单
		一起点最短路径，返回
		结果

algo.shortestPath.
deltaStepping.stream
	CALL algo.shortestPath.deltaStepping.stream(
	    startNode:Node,
	    weightProperty:String,
	    delta:Double{label:'labelName',
	    relationship:'relationshipName', defaultValue:1.0,
	    concurrency:4}
	) YIELD nodeId, distance
		基于差异步进算法的单
		一起点最短路径，更新
		属性

algo.shortestPath.
stream
	CALL algo.shortestPath.stream(
	    startNode:Node,
	    endNode:Node,
	    weightProperty:String{nodeQuery:'labelName',
	    relationshipQuery:'relationshipName', direction:'BOTH',
	    defaultValue:1.0}
	) YIELD nodeId, cost
		两点之间最短路径，返
		回结果

（续表）

过程/函数名	调用接口	说明
algo.shortestPaths	CALL algo.shortestPaths(　startNode:Node, 　weightProperty:String{write:true, targetProperty:'path', 　nodeQuery:'labelName', 　relationshipQuery:'relationshipName', defaultValue:1.0}) YIELD loadDuration, evalDuration, writeDuration, nodeCount, targetProperty - yields nodeCount, totalCost, loadDuration, evalDuration	单源起点最短路径，更新属性
algo.shortestPaths. stream	CALL algo.shortestPaths.stream(　startNode:Node, 　weightProperty:String{nodeQuery:'labelName', relationshipQuery:'relationshipName', defaultValue:1.0}) YIELD nodeId, distance	单源起点最短路径，返回结果

　　Cypher 中提供的最短路径函数 shortestPath()和 allShortestPaths()是基于构成路径的节点之间边的数量或者跳转次数来决定的。APOC 的路径搜索过程则可以将边上面的权重属性作为计算的依据。

　　除此之外，由于 Cypher 是声明型查询语言，如果需要对遍历过程有更加细粒度的控制或者实现复杂的遍历规则，例如根据多个属性计算遍历成本，那么应当使用 APOC 中的路径扩展过程。

　　ALGO 扩展包中提供的每个路径搜索过程都包含两种执行模式：

　　（1）直接返回结果。过程名的最后一部分通常是 stream，例如 algo.shortestPath.stream表示过程返回搜索到的最短路径。

　　（2）写入数据库。过程将结果写入默认或者指定的节点属性中，然后返回执行时间、更新节点等统计信息。例如 algo.shortestPaths ()会将节点的序列写入位于最短路径中的每个节点的 path 属性（默认属性名）中。

　　对于搜索的范围，也有两种定义方法：

　　（1）指定标签名和关系类型（默认模式）。

　　这时，过程的调用参数就是标签或关系类型的数组。

　　（2）指定子图（子图是另一个查询的返回结果）。

　　这时，过程的参数是一个 graph 对象 ，其格式需要遵守特定规范。举例如下：

```CYPHER
// 10.1(1) 搜索从天津到石家庄的最短距离。
//         搜索范围为子图且不包含 G3公路；使用关系上的 cost 属性计算成本。

MATCH (start:城市{name:'天津'}),(end:城市{name:'石家庄'})
CALL algo.shortestPath.stream(start, end
    ,'cost'
    ,{ nodeQuery: 'MATCH (n:城市) RETURN id(n) AS id',
```

```
        relationshipQuery:'MATCH (n:城市) -[r:公路连接]- (m) WHERE id(m)
<> id(n) AND r.line <> \'G3\' RETURN id(n) AS source, id(m) AS target,
r.cost AS weight ORDER BY id(n) ASC, id(m) ASC',
        direction:'BOTH',
        graph:'cypher'
    }) YIELD nodeId, cost
RETURN algo.getNodeById(nodeId).name as station,cost
```

在上例中，参数 graph:'cypher' 表示搜索范围为子图，nodeQuery 配置项中是子图中所有节点的内部 id，relationshipQuery 配置项中是子图中所有关系的三元组，其结构为(source, target, weight)。

ALGO 中的其他算法过程也基本上遵从这一约定：即为每个过程提供两种执行模式和两种指定搜索范围的调用方法。

10.2 广度和深度优先搜索

概述

默认情况下，Cypher 遍历图是按照深度优先（Depth First Search，DFS）的顺序，如果需要以宽度优先（Breadth First Search，BFS）的顺序遍历，则可以使用 APOC 的可配置路径扩展过程 apoc.path.expandConfig()，详情请参见 3.4 节。

10.3 最短路径

10.3.1 概述

最短路径是图计算中一类常见的问题，多见于解决下面的应用场景：

- 在两个地理位置之间寻找导航路径
- 在社交网络分析中计算人们之间相隔的距离

有几种定义距离和成本的方法：

- 最短跳转次数（shortestPath）
- 最低成本路径
- shortestPath，使用 Dijkstra[1]算法

---

[1] Mehlhorn, Kurt; Sanders, Peter (2008). "Chapter 10. Shortest Paths" (PDF). Algorithms and Data Structures: The Basic Toolbox. Springer.

- A*算法：结合已访问节点成本和未访问节点估计成本
- k 条最短路径

计算范围则包括：

- 节点对之间
- 单源起点到图中其他所有节点
- 全图中所有节点对之间

10.3.2　过程概述 – apoc.shortestPath*

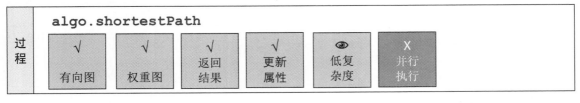

10.3.3　过程调用接口 – algo.shortestPath*

```
// 搜索两点之间的最短路径，使用 Dijkstra 算法。
// 最短路径上节点序列写入属性。
//
CALL algo.shortestPath(
  startNode, endNode, weightProperty,
  { config }
)

YIELD nodeCount, totalCost, loadMillis, evalMillis, writeMillis
// 搜索两点之间的最短路径，使用 Dijkstra 算法，返回结果。
//
CALL algo.shortestPath.stream(
  startNode, endNode, weightProperty,
  { config }
)
YIELD nodeId, cost
```

上述过程的参数说明如表 10-2 所示。

表 10-2 algo.shortestPath 过程参数

名称	类型	默认	可选	描述
startNode	节点	Null	否	起始节点
endNode	节点	Null	否	结束节点
weightProperty	字符串	Null	是	包含权重的关系属性名称。如果为 null，则将图视为未加权，权重属性值必须是数字
{config}	映射（Map）	{}	是	配置选项，参见本表下面各行的说明
defaultValue	浮点数	Null	是	权重的默认值，在属性不存在或者属性值异常的情况下使用
write	布尔值	true	是	指定是否应将结果写回节点属性
writeProperty	字符串	'path'	是	写入节点的属性名称，用于保存最短路径中节点的序列
nodeQuery	字符串	空值	是	节点查询。如果为 null，则加载所有节点
relationshipQuery	字符串	空值	是	关系查询。如果为 null，则加载所有关系
graph	字符串	Null	是	指定算法运行的图类型。合法取值为： - Null: nodeQuery 中是标签名，relationshipQuery 中是关系类型名； - 'cypher': nodeQuery 中是节点查询，返回节点 id 集合；relationshipQuery 中是关系查询，返回结果是 source,target, weight； - 'huge'：当图中节点数超过 20 亿、关系数超过 20 亿时使用此值
direction	字符串	'outgoing'	是	从图中加载的关系方向。取值为（不区分字母大小写）： - incoming - outgoing - both 取值为 both 则表示图是无向图

10.3.4 示例 – algo.shortestPath

```cypher
// 10.3(1) 搜索从天津到石家庄的最短公路路径，规则：
//      - 成本最低
//      - 仅搜索公路
//      - 包含两个方向
//      - 返回结果

MATCH (start:城市{name:'天津'}),(end:城市{name:'石家庄'})
CALL algo.shortestPath.stream(start, end, NULL,
    { relationshipQuery:'公路连接'
      ,direction:'BOTH'
        }
)
YIELD nodeId, cost
WITH nodeId, cost
RETURN algo.getNodeById(nodeId).name AS city
```

```
// 10.3(2) 计算两个城市之间的最短公路路径:
//  - 成本最低
//  - 不能使用公路 G3
//  - 使用 Cypher 得到子图投影(projection)
//  - 使用 ALGO 过程

MATCH (start:城市{name:'天津'}),(end:城市{name:'石家庄'})
CALL algo.shortestPath.stream(start, end
      ,'cost'
      ,{ nodeQuery: 'MATCH (n:城市) RETURN id(n) AS id'
      , relationshipQuery:'MATCH (n:城市) -[r:公路连接]- (m) WHERE id(m)
<> id(n) AND r.line <> \'G3\' RETURN id(n) AS source, id(m) AS target,
r.cost AS weight ORDER BY id(n) ASC, id(m) ASC'
      , direction:'BOTH'
      , graph:'cypher'
    }
) YIELD nodeId, cost
RETURN algo.getNodeById(nodeId).name AS station,cost
```

参见图 10-1 的查询结果。在天津和石家庄之间:

● 所有路径的跳转次数/关系数量都是一样的(=6)。

● 铁路连接(黄色箭头)成本最小(路径 1),但是没有包含在子图中。

● 公路连接 G3(路径 2)成本其次,但是也被排除在子图以外。

● 公路连接路径 3 虽然成本较高,但是包含在搜索的子图中,因此被选中。

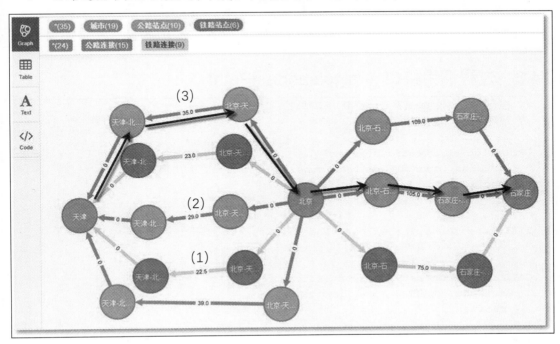

图 10-1　计算带权重的最短路径

10.4 A*最短路径

10.4.1 概述

A*最短路径用来在两个地点之间寻找最短路径，其算法基于 Dijkstra 最短路径，并增加了一个基于地理距离的启发函数以提高效率：即每次遍历的下一个位置节点都会更加靠近目的节点。

如果要使用 A*最短路径过程，那么节点需要有经度和纬度的两个属性。

10.4.2 过程概述 – apoc.shortestPath.astar*

10.4.3 过程调用接口 – algo.shortestPath*

```
// 搜索两点之间的最短路径，使用 A*算法。
// 最短路径上节点序列写入属性。

CALL algo.shortestPath.astar(
  startNode, endNode, weightProperty,
  { config }
)

YIELD nodeCount, totalCost, loadMillis, evalMillis, writeMillis
// 搜索两点之间的最短路径，使用 Dijkstra 算法，返回结果。

CALL algo.shortestPath.astar.stream(
  startNode, endNode, weightProperty,
  { config }
)
YIELD nodeId, cost
```

上述过程的参数说明如表 10-3 所示。

表 10-3　algo.shortestPath 过程参数

名称	类型	默认	可选	描述
startNode	节点	Null	否	起始节点
endNode	节点	Null	否	结束节点
weightProperty	字符串	Null	是	包含权重的关系属性名称。如果为 null，则将图视为未加权。权重属性值必须是数字
{config}	映射（Map）	{}	是	配置选项，参见本表下面各行的说明
defaultValue	浮点数	Null	是	权重的默认值，在属性不存在或者属性值异常的情况下使用
write	布尔值	true	是	指定是否应将结果写回节点属性
writeProperty	字符串	'path'	是	节点的属性名称，用于保存最短路径中节点的节点序列
propertyKeyLat	字符串	Null	是	包含维度坐标的属性名
propertyKeyLon	字符串	Null	是	包含经度坐标的属性名
nodeQuery	字符串	空值	是	节点查询。如果为 null，则加载所有节点
relationshipQuery	字符串	空值	是	关系查询。如果为 null，则加载所有关系
graph	字符串	Null	是	指定算法运行的图类型。合法取值为： - Null: nodeQuery 中是标签名，relationshipQuery 中是关系类型名； - 'cypher'：nodeQuery 中是节点查询，返回节点 id 集合；relationshipQuery 中是关系查询，返回结果是 source,target,weight； - 'huge'：当图中节点数超过 20 亿、关系数超过 20 亿时使用此值
direction	字符串	'outgoing'	是	从图中加载的关系方向，取值为（不区分字母大小写）： - incoming - outgoing - both 取值为 both 则表示图是无向图

10.4.4　示例 – algo.shortestPath.astar*

```
// 10.4(1) 搜索从天津到石家庄的最短路径，规则：
//      - 距离最短
//      - 包含两个方向
//      - 返回结果

MATCH (start:城市{name:'天津'}),(end:城市{name:'石家庄'})
CALL algo.shortestPath.astar.stream(
  start, end, 'distance',
  'latitude','longitude',
```

```
    { defaultValue:1.0 }
)
YIELD nodeId, cost
WITH nodeId, cost
RETURN algo.getNodeById(nodeId).name AS city
```

10.5 单源起点最短路径

10.5.1 概述

单源起点的最短路径（Single Source Shortest Path，SSSP），计算从一个起点出发到达图中其他所有节点的最短路径。

单源节点的最短路径可以从起始节点开始，以图中其他节点为终止节点，逐一调用最短路径过程（Dijkstra 算法），计算出最短路径长度后挑选其中最短的那些路径。这个由algo.shortestPaths()过程实现。

ALGO 另外还实现了 Delta Stepping 算法[1]（差异步进/Delta 步进），该算法比 Dijkstra 算法逐对计算有更好的性能。该算法的局限性是不支持权重为负值的边。

单源起点的最短路径算法过程（差异步进）简述如下：

（1）以起始节点为根节点。

（2）计算从该节点出发的，沿着最小边能够直接到达的其他节点，将找到的节点和边加入树。

（3）计算从根节点出发到达还没有在树上的节点的最短路径，将可以到达的节点和边加入树；

（4）当所有节点都包含在树中时，过程终止。

图 10-2 描述了该算法的过程。对该算法的详细描述请参见《参考文献》。

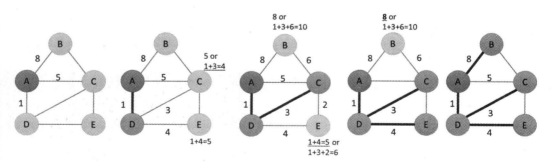

图 10-2　差异步进算法的执行过程

---

[1] Delta-stepping: a parallelizable shortest path algorithm, Journal of Algorithms 49(1):114-152 · October 2003

10.5.2　过程概述 – apoc.shortestPath.deltaStepping*

10.5.3　过程调用接口 – algo.shortestPath.deltaStepping*

过
程
接
口
	`// 搜索两点之间的最短路径，使用差异步进算法。`
	`// 把最短路径上节点序列写入属性。`
	`//`
	`CALL`` algo.shortestPath.deltaStepping(`
	　`startNode, weightProperty, delta, { config }`
	`)`
	`YIELD`` YIELD nodeCount, loadDuration, evalDuration,writeDuration`
	
	`// 搜索两点之间的最短路径，使用差异步进算法，返回结果。`
	`//`
	`CALL`` algo.shortestPath.deltaStepping.stream(`
	　`startNode, weightProperty, delta, { config }`
	`)`
	`YIELD`` nodeId, distance`

上述过程的参数说明如表 10-4 所示。

表 10-4　algo.shortestPath.deltaStepping 过程参数

名称	类型	默认	可选	描述
startNode	节点	无	否	起始节点
weightProperty	字符串	Null	是	包含权重的关系属性名称。如果为 null，则将图视为未加权。权重属性值必须是数字
delta	双精度数	无	否	并发级别，决定了算法执行时并行的程度。最佳的 delta 取值由图的类型决定。按照[差异步进算法并行度][1]的研究，大致原则如下： - 小世界网络(Small World Graph): delta = 1 - 无标度网络(Scale Free Graph): 与 small world graph 类似 - 博弈图(Game Map): delta <= 13

---

[1] PARALLEL Δ-STEPPING ALGORITHM FOR SHARED MEMORY ARCHITECTURES by M. Kranj˘cevi´c, D. Palossi, S. Pintarelli, arXiv:1604.02113v1　[cs.DC]　7 Apr 2016

名称	类型	默认	可选	描述
{config}	映射（Map）	{}	是	配置选项，参见本表下面各行的说明
write	布尔值	true	是	指定是否应将结果写回节点属性
graph	字符串	Null	是	指定算法运行的图类型。合法取值为： - Null: nodeQuery 中是标签名，relationshipQuery 中是关系类型名 - 'cypher': nodeQuery 中是节点查询，返回节点 id 集合；relationshipQuery 中是关系查询，返回结果是 source,target,weight - 'huge'：当图中节点数超过 20 亿、关系数超过 20 亿时使用此值。
writeProperty	字符串	'sssp'	是	节点的属性名称，用于保存最短路径中节点的序列
nodeQuery	字符串	空值	是	节点查询。如果为 null，则加载所有节点
relationshipQuery	字符串	空值	是	关系查询。如果为 null，则加载所有关系
defaultValue	浮点数	1.0	是	当关系上权重属性不存在时，使用 defaultValue 作为默认值
direction	字符串	'outgoing'	是	从图中加载的关系方向。取值为（不区分字母大小写）： - incoming - outgoing - both 取值为 both 则表示图是无向图

10.5.4 示例 – algo.shortestPath.deltaStepping*

```cypher
// 10.5(1) 计算从一个城市出发，到达所有其他城市的最短路径
//  - 基于成本
//  - 使用 ALGO 差异步进算法

MATCH (n:城市 {name:'北京'})
CALL algo.shortestPath.deltaStepping.stream(n, 'cost',1.0)
YIELD nodeId, distance
WITH algo.getNodeById(nodeId) AS destination
    , distance AS cost
WHERE NOT destination:公路站点 AND NOT destination:铁路站点
RETURN destination.name, cost
ORDER BY cost
```

10.6　全图最短路径

10.6.1　概述

全图所有节点对的最短路径（All Pairs Shortest Path），计算图中所有节点对之间的最短路径。

全图所有节点对之间的最短路径可以基于单源起点最短路径（SSSP）计算。ALGO 的实现进一步通过并行执行对过程进行了优化。

全图最短路径的应用场景包括：

● 城市公共服务[1]：确定最佳的公共设施位置、物流分布、道路交通负载。
● 数据中心设计[2]：搜索具有最大容量和最小延迟的网络。

10.6.2　过程概述 – algo.allShortestPaths*

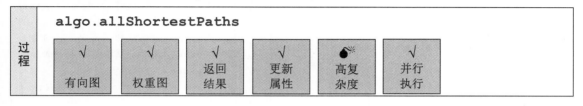

10.6.3　过程调用接口 – algo.allShortestPaths*

```
// 搜索全图中所有节点对之间的最短路径。
// 最短路径上节点序列写入属性。
CALL algo.allShortestPaths (
  weightProperty, { config }
)
YIELD YIELD nodeCount, loadDuration, evalDuration,writeDuration
// 搜索全图中所有节点对之间的最短路径，返回结果。
CALL algo.allShortestPaths.stream(
  weightProperty, { config }
)
YIELD nodeId, distance
```

---

[1]　Urban Operations Research:　http://web.mit.edu/urban_or_book/www/book/
[2]　An Optimization-based Framework for Data Center Network Design: https://cs.uwaterloo.ca/research/tr/2011/CS-2011-21.pdf

上述过程的参数说明如表 10-5 所示。

表 10-5　algo.allShortestPaths 过程参数

名称	类型	默认	可选	描述
weightProperty	字符串	'cost'	是	包含权重的关系属性名称。如果为 null，则将图视为未加权。权重属性值必须是数字
{config}	映射（Map）	{}	是	配置选项，参见本表下面各行的说明
write	布尔值	true	是	指定是否应将结果写回节点属性
writeProperty	字符串	'sssp'	是	节点的属性名称，用于保存最短路径中节点的序列
nodeQuery	字符串	空值	是	节点查询。如果为 null，则加载所有节点
relationshipQuery	字符串	空值	是	关系查询。如果为 null，则加载所有关系
defaultValue	浮点数	1.0	是	当关系上权重属性不存在时，使用 defaultValue 作为默认值
graph	字符串	Null	是	指定算法运行的图类型。合法取值为： - Null: nodeQuery 中是标签名，relationshipQuery 中是关系类型名； - 'cypher'：nodeQuery 中是节点查询，返回节点 id 集合；relationshipQuery 中是关系查询，返回结果是 source,target,weight； - 'huge'：当图中节点数超过 20 亿、关系数超过 20 亿时使用此值
direction	字符串	'outgoing'	是	从图中加载的关系方向。取值为（不区分字母大小写）： - incoming - outgoing - both 取值为 both 则表示图是无向图

10.6.4　示例 – algo.allShortestPaths

```cypher
// 10.6(1) 计算全图中所有节点对之间的最短距离
//  - 基于跳转次数
//  - 使用 ALGO

CALL algo.allShortestPaths.stream(null)
YIELD sourceNodeId, targetNodeId, distance
WHERE sourceNodeId < targetNodeId
WITH algo.getNodeById(sourceNodeId) AS source
    ,algo.getNodeById(targetNodeId) AS target
    ,distance
WHERE NOT (source:公路站点 OR source:铁路站点)
    AND NOT (target:公路站点 OR target:铁路站点)
RETURN source.name, target.name, distance
```

```
ORDER BY distance DESC, source ASC, target ASC


// 10.6(2) 计算全图中所有节点对之间的最短距离
//  - 基于成本
//  - 使用 ALGO

CALL algo.allShortestPaths.stream('cost')
YIELD sourceNodeId, targetNodeId, distance
WHERE sourceNodeId < targetNodeId
WITH algo.getNodeById(sourceNodeId) AS source
     ,algo.getNodeById(targetNodeId) AS target
     ,distance AS cost
WHERE NOT (source:公路站点 OR source:铁路站点)
    AND NOT (target:公路站点 OR target:铁路站点)
RETURN source.name, target.name, cost
ORDER BY cost DESC, source ASC, target ASC
```

10.7　K-条最短路径

10.7.1　概述

Yen 氏 K 条最短路径算法（Yen 氏算法）[1]是 Yen 在 1971 年提出的以其名字命名的算法。Yen 氏算法适用于非负权边的有向无环图结构（见图 10-3）。

算法可分为两部分：

（1）算出第 1 条最短路径 P(1)。
（2）然后在此基础上依次算出其他的 K-1 条最短路径。

在求第 i 条最短路径 P(i) 时（i>1），将 P(i-1)上除了终止节点外的所有节点都设为"突出节点"。从每个突出节点出发，将已经包括在 P(i-1)上的最小边的权重设为无穷大，然后计算其余边上从每个突出节点到终止节点的最短路径，再与之前的 P(i-1)上起始节点到突出节点的路径拼接，构成候选路径，完成后取候选路径中最短的返回。

迭代相同过程 K-1 次，否则在没有候选路径可供选择时终止过程。

---

[1] https://en.wikipedia.org/wiki/Yen%27s_algorithm

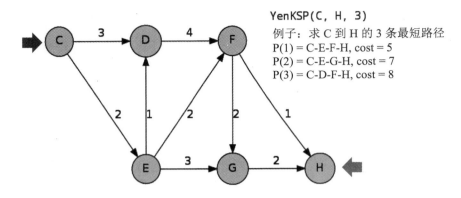

YenKSP(C, H, 3)
例子：求 C 到 H 的 3 条最短路径
P(1) = C-E-F-H, cost = 5
P(2) = C-E-G-H, cost = 7
P(3) = C-D-F-H, cost = 8

图 10-3　Yen 氏 k-条最短路径

10.7.2　过程概述 – algo.kShortestPaths*

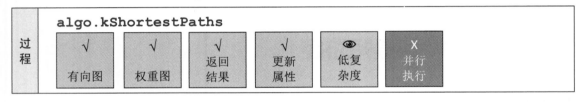

10.7.3　过程调用接口 – algo.kShortestPaths*

```
// 搜索节点对之间 k 条最短路径。
// 把最短路径上节点序列写入属性。
CALL algo.kShortestPaths (
  startNode, endNode, k, weightProperty, { config }
)
YIELD YIELD nodeCount, loadDuration, evalDuration,writeDuration


// 搜索两点之间的 k 条最短路径，返回结果。
CALL algo.kShortestPaths.stream(
  startNode, endNode, k, weightProperty, { config }
)
YIELD sourceNodeId, targetNodeId, nodeIds, costs
或者当 path:true 时(参见下面的参数说明)：
YIELD path
```

上述过程的参数说明如表 10-6 所示。

表 10-6　algo.kShortestPaths 过程参数

名称	类型	默认	可选	描述
startNode	Node	无	否	起始节点
endNode	Node	无	否	终止节点
k	正整数	无	否	最短路径数
weightProperty	字符串	'cost'	是	包含权重的关系属性名称。如果为 null，则将图视为未加权。权重属性值必须是数字
{config}	映射（Map）	{}	是	配置选项，参见本表下面各行的说明
write	布尔值	true	是	指定是否应将结果写回节点属性
writePropertyPrefix	字符串	'PATH_'	是	写入数据库的最短路径中新建关系的名称前缀，即最短路径为 PATH_0，次短路径为 PATH_1，第三短的路径为 PATH_2，以此类推
nodeQuery	字符串	空值	是	节点查询。如果为 null，则加载所有节点
relationshipQuery	字符串	空值	是	关系查询。如果为 null，则加载所有关系
defaultValue	浮点数	1.0	是	当关系上权重属性不存在时，使用 defaultValue 作为默认值
graph	字符串	Null	是	指定算法运行的图类型。合法取值为： - Null: nodeQuery 中是标签名，relationshipQuery 中是关系类型名； - 'cypher': nodeQuery 中是节点查询，返回节点 id 集合；relationshipQuery 中是关系查询，返回结果是 source,target,weight； - 'huge'：当图中节点数超过 20 亿、关系数超过 20 亿时使用此值
direction	字符串	'outgoing'	是	从图中加载的关系方向，取值为（不区分字母大小写）： - incoming - outgoing - both 取值为 both 则表示图是无向图
maxDepth	整数	-1	是	最大遍历深度
path	布尔值	true	是	是否连接最短路径上的节点。如果设置为 true，返回结果时会在路径的节点之间创建虚拟关系 NEXT

10.7.4　示例 – algo.kShortestPaths

```cypher
// 10.7(1) 计算节点对之间的 k 条最短距离
// - 基于跳转次数
// - 使用 ALGO


MATCH (start:Loc{name:'A'}), (end:Loc{name:'F'})
CALL algo.kShortestPaths(start, end, 3, 'cost' ,{})
YIELD resultCount
RETURN resultCount
```

10.8　最小生成树

10.8.1　概述

最小生成树（Minimum Spanning Tree，MST）[1]，计算图中从某节点出发能够到达的所有其他节点以及连接这些节点的最短路径。

最小生成树的计算基于 Prim[2]算法，它与 Dijkstra 算法类似，区别是在每一步都只取权重最小的边。算法过程如下（参考图 10-4）：

（1）开始时树只包含起始节点。

（2）计算从该节点出发沿着最小边能够直接到达的其他节点，将找到的节点和边加入树。

（3）重复步骤 2，将还没有在树上的节点及其最短路径加入树。

（4）当所有节点都包含在树中时，过程终止。

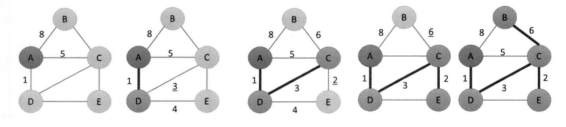

图 10-4　最小生成树算法的执行过程

最小生成树算法在计算只需遍历一次就能够到达所有节点的最佳路径时很有用。最小生成树的应用场景如下：

---

[1]　https://en.wikipedia.org/wiki/Minimum_spanning_tree

[2]　Prim, R. C. (November 1957), "Shortest connection networks And some generalizations", Bell System Technical Journal, 36 (6): 1389–1401

- 最小化遍历成本，例如旅行路线规划[1][2]。
- 网络广播的路径[3]。
- 可视化外汇交易中各种货币投资回报之间的关联关系[4]。
- 传染病爆发的传播历史[5]。

ALGO 提供计算最小生成树的过程及其若干变体：

- 最小生成树：algo.spanningTree.minimum
- 最大生成树：algo.spanningTree.maximum

10.8.2　过程概述 – algo.spanningTree.*

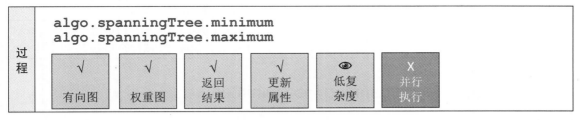

10.8.3　过程调用接口 – algo.spanningTree.minimum

```
// 搜索图的最小生成树，结果写入关系。
// 最大生成树的调用接口类似，过程名 algo.spanningTree.maximum
CALL algo.spanningTree.minimum (
    label:String
    ,relationshipType:String
    ,weightProperty:String
    ,startNodeId:int
    ,{write:true, writeProperty:String}
)
YIELD loadMillis,computeMillis,writeMillis,effectiveNodeCount
```

---

[1] Worst-case analysis of a new heuristic for the travelling salesman problem, Report 388, Graduate School of Industrial Administration, CMU, 1976.

[2] http://www.dwu.ac.pg/en/images/Research_Journal/2010_Vol_12/1_Fitina_et_al_span ning_trees_for_travel_planning.pdf

[3] Dalal, Yogen K.; Metcalfe, Robert M. (1 December 1978). "Reverse path forwarding of broadcast packets". Communications of the ACM. 21 (12): 1040–1048.

[4] https://www.nbs.sk/_img/Documents/_PUBLIK_NBS_FSR/Biatec/Rok2013/07-2013/05_biatec13-7_resovsky_EN.pdf

[5] https://www.ncbi.nlm.nih.gov/pmc/articles/PMC516344/

上述过程的参数说明如表 10-7 所示。

表 10-7   algo.spanningTree.minimum 过程参数

名称	类型	默认	可选	描述
label	字符串	无	否	节点标签
relationshipType	字符串	无	否	关系类型名
weightProperty	字符串	无	否	包含权重的关系属性名称。如果为 null，则将图视为未加权。权重属性值必须是数字
startNodeId	整数	无	否	起始节点内部 id
{config}	映射（Map）	{}	是	配置选项，参见本表下面各行的说明
write	布尔值	true	是	指定是否应将结果写回关系
writeProperty	字符串	'mst'	是	连接包含在最小/最大生成树中节点的关系类型名。mst 是最小/最大生成树的英文首字母缩写

10.8.4   示例 – algo.spanningTree.minimum

```cypher
// 10.8(1) 计算从一个城市出发到达其他城市的最小生成树
//   - 基于距离
//   - 创建新关系 MSTALL，并以属性 distance 保存最短距离

MATCH (n:城市 {name:"北京"})
CALL algo.spanningTree.minimum(
        "城市", "公路连接|铁路连接",
        "distance", id(n),
        {write:true, writeProperty:"MSTALL"}
    )
YIELD loadMillis,computeMillis,writeMillis,effectiveNodeCount
RETURN loadMillis,computeMillis,writeMillis,effectiveNodeCount


// 10.8(2) 查看最小生成树，并过滤掉不相关的节点

MATCH p=(a)-[r:MSTALL]->(b)
WHERE NOT (b:公路站点 AND size((b) -[:MSTALL]-> ()) = 0)
      AND NOT (b:铁路站点 AND size((b) -[:MSTALL]-> ()) = 0)
RETURN a,r,b
```

10.9　随机游走

10.9.1　定义

随机游走或随机漫步（Random Walk）是这样一种遍历过程：我们从一个节点开始，随机或基于预定的概率选择一个邻居访问，然后从新节点开始执行相同的操作，将结果路径保留在列表中。这与醉酒之人穿越城市的方式类似，也被认为是布朗运动[1]的理想数学状态。

卡尔-皮尔森于 1905 年在给《自然》杂志的一封题为"随机漫步的问题"的信中首次提到"随机游走"一词[2]。

10.9.2　应用

在近年来，该方法被应用到网络/图分析中，例如：

- 在 node2vec 和 graph2vec 算法中用来计算节点的嵌入（向量化的表示/embedding）[3]。
- 在社区检测中：如果某组节点反复地被访问，那么它们之间可能存在社区结构[4]。
- 在机器学习中用作训练过程的一部分[随机游走和 TensorFlow][5]。

页面排行算法[6]（参见 12.7 节）的限制同样适用于随机游走：

- 当节点没有离开的外链接时算法执行会进入死胡同。在这种情况下，随机游走将中止，并且将返回仅包含第一个节点的路径。通过指定关系的方向 direction: BOTH 参数可以避免此问题，这样随机游走将遍历两个方向上的关系。
- 如果一组节点中没有链接到组外部的节点，则该组被称作"蜘蛛网陷阱"。从该组中的任何节点开始的随机游走将仅遍历该组中的其他节点。算法的实现不会随机游走跳转到非相邻节点。
- 当图中存在无限循环路径时，过程可能会陷入死锁。

10.9.3　过程概述

1　Feynman, R. (1964). "The Brownian Movement". The Feynman Lectures of Physics, Volume I. pp. 41&#45, 1.

2　Pearson, K. (1905). "The Problem of the Random Walk". Nature. 72 (1865): 294.

3　https://snap.stanford.edu/node2vec/

4　Naoki Masuda etc. (2017) "Random walks and diffusion on networks". Elsevier.

5　https://medium.com/octavian-ai/review-prediction-with-neo4j-and-tensorflow-1cd33996632a

6　"Google Press Center: Fun Facts". www.google.com. Archived from the original on 2001-07-15.

10.9.4   简单过程调用接口

<table>
<tr><td rowspan="5">过程接口</td><td>

```
CALL algo.randomWalk.stream(
    start:Object
    ,steps: 100
    ,walks: 10000)
YIELD nodes, path
```

</td></tr>
</table>

algo.randomWalk.stream 过程参数如表 10-8 所示。

表 10-8   algo.randomWalk.stream 过程参数

参数名	类型	默认值	可为空？	说明
start	object	null	是	可以有多种取值： - null，整个图 - 标签名 - 节点 id - 节点 id 的列表
steps	int	10	是	返回的路径长度。如果出错，则返回 1
walks	int	1	是	返回的路径数量

10.9.5   完整过程调用接口

<table>
<tr><td rowspan="10">过程接口</td><td>

```
CALL algo.randomWalk.stream(
    start:Object
    ,steps: 100
    ,walks: 10000
    ,{ graph:'heavy'
      ,nodeQuery:'label or query'
      ,relationshipQuery:'type or query'
      ,direction:"IN/OUT/BOTH"
      ,mode:"node2vec"/"random"
      ,inOut: 1.0
      ,return: 1.0
      ,path:false
      ,concurrency:4
    }
)
YIELD nodes, path

或者 当选项 path:false 时：

YIELD nodeIds
```

</td></tr>
</table>

algo.randomWalk.stream 过程参数如表 10-9 所示。

表 10-9　algo.randomWalk.stream 过程参数

参数名	类型	默认值	可选？	说明
start	object	null	是	可以有多种取值： - null，整个图 - 标签名 - 节点 id - 节点 id 的列表
steps	int	10	是	返回的路径长度。如果出错，则返回 1
walks	int	1	是	返回的路径数量
config	MAP	{}	是	配置参数，参见下面的说明
graph	string	'heavy'	是	取值'heavy'表示通过节点标签和关系类型控制遍历对象；取值'cypher'表示对查询得到的子图进行遍历
nodeQuery	string	null	是	graph 取值'heavy'时，这里是节点标签名；graph 取值'cypher'时，这里是查询
relationshipQuery	string	null	是	graph 取值'heavy'时，这里是关系类型名；graph 取值'cypher'时，这里是查询
direction	string	'BOTH'	是	关系遍历的方向
mode	string	random	是	模式，定义选择关系的依据： - random：随机选择 - node2vec：node2vec 算法选择
inOut	float	1.0	是	node2vec 参数
return	float	1.0	是	node2vec 参数
path	boolean	false	是	是否返回漫步的路径。返回路径通常执行成本更高
concurrency	int	available CPUs	是	并发线程数

10.9.6　示例 – algo.randomWalk

```cypher
// 10.9(1) 计算从一个城市出发随机游走到达其他城市
//  - 使用简单方式
//  - 游走200步，返回节点的访问次数

MATCH (source:城市 {name: "北京"})
CALL algo.randomWalk.stream(id(source), 200, 1)
YIELD nodeIds
UNWIND algo.getNodesById(nodeIds) AS place
RETURN place.name AS place,count(place) AS count
ORDER BY count DESC
```

第 11 章

◀ 社团检测 ▶

社区的形成和演变在复杂网络中很常见。社区的出现为评估群体行为和研究新兴现象提供了基础。

11.1 社团检测概述

11.1.1 算法一览

社团检测过程如表 11-1 所示。

表 11-1 社团检测过程

过程名	调用接口	说明
algo.labelPropagation	CALL algo.labelPropagation(label:String, relationship:String, direction:String, 　{ iterations:1, 　　weightProperty:'weight', 　　partitionProperty:'partition', 　　write:true, concurrency:4}) YIELD nodes, iterations, didConverge, 　loadMillis, computeMillis, writeMillis, write, 　weightProperty, partitionProperty	标签传播算法，计算结果写入节点属性
algo.labelPropagation.stream	CALL algo.labelPropagation.stream(　label:String, relationship:String, 　config:Map<String, Object>) YIELD nodeId, label	标签传播算法，计算结果返回客户端
algo.louvain	CALL algo.louvain(　label:String, relationship:String, 　{ weightProperty:'weight', 　　defaultValue:1.0, write: true, 　　writeProperty:'community', 　　concurrency:4, 　　communityProperty:'property', 　　innerIterations:10, 　　communitySelection:'classic'}) YIELD nodes, communityCount, iterations, loadMillis, computeMillis, writeMillis	鲁汶模块化方法，计算结果写入节点属性

（续表）

过程名	调用接口	说明
algo.louvain.stream	CALL algo.louvain.stream(　label:String, relationship:String, 　{ weightProperty:'propertyName', 　defaultValue:1.0, concurrency:4, 　communityProperty:'property', 　innerIterations:10, 　communitySelection:'classic') YIELD nodeId, community	鲁汶模块化方法，计算结果返回客户端
algo.scc	CALL algo.scc(label:String, 　relationship:String, config:Map<String, 　Object>) 　YIELD loadMillis, computeMillis, 　writeMillis, setCount, maxSetSize, 　minSetSize	强连通分量计算过程，结果作为新关系写入数据库
algo.scc.stream	CALL algo.scc.stream(　label:String, relationship:String, 　config:Map<String, Object>) 　YIELD loadMillis, computeMillis, 　writeMillis, setCount, maxSetSize, 　minSetSize	强连通分量计算过程，结果作为新关系写入数据库
algo.triangle.stream	CALL algo.triangle.stream(　label, relationship, {concurrency:4}) YIELD nodeA, nodeB, nodeC	寻找三角形结构
algo.triangleCount	CALL algo.triangleCount(　label, relationship, 　{ concurrency:4, write:true, 　writeProperty:'triangles', 　lusteringCoefficientProperty:'coefficient'}) YIELD loadMillis, computeMillis, 　writeMillis, nodeCount, triangleCount, 　averageClusteringCoefficient	三角形计数过程，计算结果写入节点属性
algo.triangleCount.stream	CALL algo.triangleCount.stream(　label, relationship, 　{concurrency:8}) YIELD nodeId, triangles	三角形计数过程，计算结果返回客户端
algo.unionFind	CALL algo.unionFind(　label:String, relationship:String, 　{ weightProperty:'weight', 　threshold:0.42, defaultValue:1.0, 　write: true, partitionProperty:'partition'}) YIELD nodes, setCount, loadMillis, 　computeMillis, writeMillis	计算连通分量，结果写入节点属性
algo.unionFind.stream	CALL algo.unionFind.stream(　label:String, relationship:String, 　{ weightProperty:'propertyName', 　threshold:0.42, defaultValue:1.0 　}) YIELD nodeId, setId	计算连通分量，结果返回客户端

11.1.2　图的聚集成群特征

"人以类聚，物以群分"。这句话非常形象地描述了网络的一个重要特征：聚集成群，或者称作"社区""团体""群组"，如图 11-1 所示。社区的形成和演变是网络分析和研究的又一个重要领域[1] [2]。社区的出现为评估群体行为和研究新兴现象提供了基础。

社区检测算法试图找到那些节点集合：在同一集合中的节点之间的交互/关系比分属不同集合的节点之间更多，或者它们有更多共同点。识别这些相关集合可以揭示节点集群、隔离的群组和网络结构。这种信息有助于推断对等组的类似行为或偏好，估计关系或连接的稳定性，查找嵌套关系以及为其他分析准备数据。社区检测算法还用于生成网络可视化的展现。

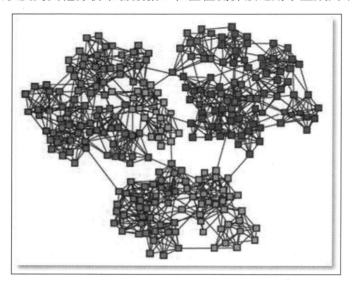

图 11-1　聚集成群是网络的一个重要特征

ALGO 算法包提供最具代表性的社区检测算法：

- 关于整体关系密度的三角计数和集聚系数。
- 强连通分量和连通分量，以及用于查找连通的集群。
- 标签传播，用于根据节点标签快速对节点分组。
- 鲁汶模块化方法（Louvain Modularity）用于查看分组的质量和层次结构。

社区检测和划分有着非常广泛的应用场景，以互联网为例：

- 将兴趣相似而且地理位置上接近的 Web 客户端组织在一起可以提高性能。
- 区别具有类似兴趣的客户群体可以为推荐系统提供基础数据。
- 在大规模图中识别集群/社团可以为更高效地存储和遍历图提供有效的数据结构。
- 研究节点的关系和查询搜索路径，例如发现层次化的组织架构。

---

[1] M. Girvan; M. E. J. Newman (2002). "Community structure in social and biological networks". Proc. Natl. Acad. Sci. USA. 99 (12): 7821–7826.
[2] S. Fortunato (2010). "Community detection in graphs". Phys. Rep. 486 (3–5): 75–174.

11.1.3　过程使用说明

与路径搜索算法一样，社团检测算法也有两种执行模式：

（1）执行并返回结果（过程名后面有 stream）。
（2）执行并将结果写入节点或关系的属性。

算法操作的数据可以是（由 graph 参数设定）：

（1）图中特定标签和关系类型（graph: 'heave'）。
（2）Cypher 查询（graph: 'cypher'）。
（3）超过 20 亿节点和关系的大图（graph: 'huge'）。

除此以外，社团检测算法将结果写入属性后，还会返回下面表 11-2 所示的执行结果。

表 11-2　社团检测算法执行结果

名称	类型	描述
loadMillis	INT	加载数据耗时的毫秒数
computeMillis	INT	运行算法耗时的毫秒数
writeMillis	INT	写回结果数据耗时的毫秒数
postProcessingMillis	INT	后处理耗时的毫秒数
nodeCount	INT	处理的节点总数
P1	双精度数	占 1%的节点数
P5	双精度数	占 5%的节点数
P10	双精度数	占 10%的节点数
P25	双精度数	占 25%的节点数
P50	双精度数	占 50%的节点数
P75	双精度数	占 75%的节点数
P90	双精度数	占 90%的节点数
P95	双精度数	占 95%的节点数
P99	双精度数	占 99%的节点数
P100	双精度数	占 100%的节点数
write	布尔值	指定结果是否作为节点属性写回数据库

11.2 三角计数和集聚系数

11.2.1 概述

三角计数在社交网络分析中被普遍使用，它可以检测社区并衡量这些社区的凝聚力。它还可以用于确定图的稳定性，并且通常用作网络索引计算的一部分，例如集聚系数（Clustering Coefficient）[1]。

集聚系数有若干类型：

- 局部集聚系数：节点的局部集聚系数衡量其邻居节点也相互连接的可能性。该分数的计算涉及三角计数。
- 全局集聚系数：是那些局部集聚系数的归一化和。
- 图的传递系数：是图中三角形总数的三倍除以图中三元组的数量。

图中的一个节点 i 的局部集聚系数 $C(i)$ 等于所有与它相连的顶点之间所连的边的数量，除以这些顶点之间可以连出的最大边数。举例参考图 11-2。

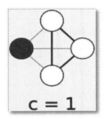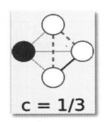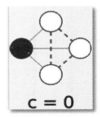

图 11-2　集聚系数的定义

邓肯·J·瓦兹（Duncun J. Watts）与斯蒂芬·斯特罗加茨（Steven Strogatz）在 1998 年发表的一篇论文中首次引入了这个概念，用以判别一个图是否是小世界网络。在小世界网络中，大部分节点彼此并不直接相连，但是可以通过有限的几步就可以到达。也就是说，小世界网络的直径不大（任意两个节点之间的最短路径/距离的最大值），而网络的集聚系数不小。

对各种网络的研究发现，现实世界中图的节点和关系并非随机产生，例如社交网络遵从"小世界模型"：

- 平均路径长度较小：六度分隔理论，"凯文·贝肯游戏"。
- 相比随机模型，具有很高的局部集聚系数：人们之间倾向于更加紧密地连接。

节点之间的关系则有"强"和"弱"之分。三角闭包定理[2]（Triadic Closure/Strong Triadic Closure Property）即是一个很好的体现：如果节点 A 和 B、C 之间有强关系，那么 B 和 C 之间也必定存在强或者弱的关系。Granovetter 将网络理论应用在求职的关系重要性中，发现

[1] P. W. Holland and S. Leinhardt (1971). "Transitivity in structural models of small groups". Comparative Group Studies. 2 (2): 107–124.
[2] Georg Simmel, (1908) , "Sociology: Investigations on the Forms of Sociation".

"弱关系"（而不是我们通常认为的强关系）往往能帮助求职者找到更好的工作。

为了确定群组的稳定性或计算其他网络度量（如聚类系数）时，可以使用"三角形计数"。三角计数在社交网络分析中可以有很多用途：

- 用于检测社区。
- 集聚系数可以提供随机选择的节点在未来被连接的概率。
- 快速评估特定群组或整个网络的凝聚力。
- 评估网络的稳定性并寻找特定网络结构。

成功的应用场景包括：

- 识别可以用于对网站进行分类的特征，即正常网站还是垃圾网站[1]。
- 调查 Facebook 社交图谱中的社区结构，研究人员在稀疏的全局图中发现密集的用户社区[2]。
- 探索 Web 的主题结构，并根据它们之间的链接检测具有共同主题的页面的社区[3]。

11.2.2　过程概述 – algo.triangle.stream

11.2.3　过程调用接口 – algo.triangle*

```
过  // 寻找图中所有三角形结构
程  CALL algo.triangle.stream(
接      label, relationship
口  )
   YIELD nodeA, nodeB, nodeC
```

algo.triangle 过程参数如表 11-3 所示。

表 11-3　algo.triangle 过程参数

参数名	类型	默认值	可选？	说明
label	字符串	Null	是	可以有多种取值： - null，所有节点 - 标签名
relationship	字符串	Null	是	关系类型名。为空表示所有关系类型

---

[1] L. Becchetti et al. (2007)，"Efficient Semi-Streaming Algorithms for Local Triangle Counting in Massive Graphs".

[2] J. Ugander et al., (2011), "The Anatomy of the Facebook Social Graph" .

[3] J.-P. Eckmann and E. Moses, (2002) "Curvature of Co-Links Uncovers Hidden Thematic Layers in the World Wide Web".

11.2.4　示例 – algo.triangle.stream

```cypher
// 11.2(1) 返回图中发现的三角形
//    - 节点标签：Page，关系类型 LINKS
//    - 使用 ALGO 过程

CALL algo.triangle.stream('Page','LINKS')
YIELD nodeA,nodeB,nodeC
RETURN algo.asNode(nodeA).name AS nodeA,
       algo.asNode(nodeB).name AS nodeB,
       algo.asNode(nodeC).name AS nodeC
```

11.2.5　过程概述 – algo.triangleCount*

11.2.6　过程调用接口 – algo.triangle*

```cypher
// 统计节点存在于三角形结构中的次数以及集聚系数，并返回结果
CALL algo.triangleCount.stream(
    label, relationship, {config}
)
YIELD nodeId, triangles, coefficient

// 统计节点存在于三角形结构中的次数以及集聚系数，结果写入节点属性
CALL algo.triangleCount(
    label, relationship, {config}
)
YIELD loadMillis, computeMillis, writeMillis, nodeCount, triangleCount,
averageClusteringCoefficient
```

algo.triangle 过程参数如表 11-4 所示。

表 11-4　algo.triangle 过程参数

参数名	类型	默认值	可选?	说明
label	字符串	Null	是	可以有多种取值： - null，所有节点 - 标签名 - Cypher 查询
relationship	字符串	Null	是	关系类型名或 Cypher 查询。若为空则表示所有关系类型
config	映射（Map）	{}	是	配置选项，参见本表下面各行的说明
write	布尔值	true	是	指定是否应将结果写回关系
writeProperty	字符串	'triangles'	是	三角形计数保存的属性名
clusteringCoefficientProperty	字符串	'coefficient'	是	集聚系数保存的属性名
graph	'heavy'	Null	是	graph 取值'heavy'时，label 中是标签名，relationship 中是关系名；graph 取值 'cypher' 时，label 和 relationship 中分别是节点和关系查询
concurrency	int	可用的 CPU 内核	是	并发线程数

11.2.7　示例 – algo.triangleCount.stream

```
// 11.2(2) 计算图中节点的三角形计数和集聚系数
//    - 节点标签：Page，关系类型 LINKS
//    - 使用 ALGO 过程

CALL algo.triangleCount.stream('Page','LINKS',{ concurrency:4})
YIELD nodeId, triangles, coefficient
RETURN algo.asNode(nodeId).id AS name,
      triangles, coefficient
ORDER BY coefficient DESC
```

11.3　强连通分量

11.3.1　概述

强连通分量（Strongly Connected Component，SCC）算法在有向图中找到一个连通节点的集合，其中每个节点与同一集合中的任何其他节点可以在两个方向上互相到达。如图 11-3 所示。

将有向图分解为其强连通分量是深度优先搜索算法（DFS）的经典应用。ALGO 扩展包使用深度优先搜索作为其 SCC 算法实现的一部分。

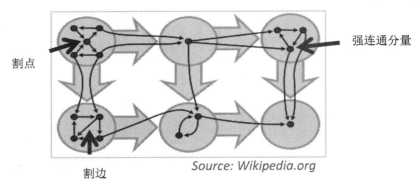

图 11-3   有向图中的强连通分量

如果将每一个强连通分量缩成一个点，则原图 G 将会变成一张有向无环图（DAG）。一张图被称为有向无环图当且仅当此图不具有点集合数量大于 1 的强连通分量（有向环），因为有向环即是一个强连通分量，而且任何的强连通分量皆具有至少一个有向环。

识别强连通分量通常作为图分析的初始步骤，以查看图的结构，或识别可能需要另外分析的紧密集群/社团。可以使用强连通分量来分析群组中的类似行为或倾向，以用于诸如推荐引擎之类的应用。

许多社区检测算法用于查找群组并将其折叠为单个节点，以便群组间进一步的分析。还可以应用在进程间关系可视化，以查找可能的死锁进程，因为这时每个子进程都在等待另一个成员采取操作。

其他强连通分量的应用场景还包括：

- 对于交易频繁的跨国公司集团，找到每个成员直接或间接拥有股份的其他成员公司集合[1]。
- 在多次跳转的无线网络中测量路由性能时，计算不同网络配置的连接性[2]。
- 作为许多仅适用于强连通图的算法中作为初始步骤。
- 在社交网络中，拥有强烈关联的群体中的人们通常具有相似的偏好，SCC 算法可以用来识别用户的群组，并向群组中尚未评价或购买某些产品的人群建议其他人的评价或购买的产品。

11.3.2   过程概述 – algo.scc

---

[1] S. Vitali, J. B. Glattfelder,and S. Battiston (2011), "The Network of Global Corporate Control"。

[2] M. K. Marina and S. R. Das (2002),"Routing Performance in the Presence of Unidirectional Links in Multihop Wireless Networks".

11.3.3　过程调用接口 – algo.scc

<table>
<tr><td rowspan="6">过程接口</td><td>// 寻找图中的强连通分量
CALL algo.scc(
    label, relationship, {config}
)
YIELD loadMillis, computeMillis, writeMillis, setCount, maxSetSize, minSetSize</td></tr>
</table>

algo.scc 过程参数如表 11-5 所示。

表 11-5　algo.scc 过程参数

参数名	类型	默认值	可选?	说明
label	字符串	Null	是	可以有多种取值： - null，所有节点 - 标签名
relationship	字符串	Null	是	关系类型名。若为空则表示所有关系类型
config	映射（MAP）	{}	是	配置选项，参见本表下面各行的说明
write	布尔值	true	是	指定是否应将结果写回关系
writeProperty	字符串	'triangles'	是	三角形计数保存的属性名
partitionProperty	字符串	'partition'	是	保存连通分量所属群组的 id 的节点属性名
graph	'heavy'	Null	是	graph 取值 'heavy' 时，label 中是标签名，relationship 中是关系名；graph 取值 'cypher' 时，label 和 relationship 中分别是节点和关系查询
concurrency	int	可用的 CPU 内核	是	并发线程数

我们将在下章"连通分量"中提供例子查询。

11.4　连通分量

11.4.1　概述

（弱）连通分量（Connected Component）算法在无向图中查找连接节点集，其中每个节点可从同一集中的任何其他节点到达。它与强连通分量算法（SCC）不同，因为它只需要在一个方向上的节点对之间存在路径，而 SCC 需要在两个方向上存在路径。因此，连通分量有时也称为弱连通分量。

连通分量算法提供接近恒定时间（独立于输入大小）的操作以添加新组、合并现有组并确定两个节点是否在同一组中。

连通分量的最佳实践包括：

● 通常在图分析的早期用于理解图的结构。

● 因为算法接近恒定时间操作，因此更适用于需要频繁更新的图数据。

● 可以快速显示群组之间共同的新节点，这对于欺诈检测等分析非常有用。

● 测试图的连接度以避免在非连接的图上运行一些算法而获得不正确的结果。

（弱）连通分量算法的应用场景包括：

● 在分布式数据库集群中，跟踪数据库记录的更新以避免创建重复记录。重复数据删除是主数据管理应用程序中的一项重要任务[1]。

● 分析论文引用网络。有研究使用连通分量来确定网络连接的良好程度，然后查看如果从图中移出"枢纽/hub"或"权威/authority"节点，连接是否仍然存在[2]。

ALGO 提供的连通分量计算过程基于 Union-Find 算法[3]（又称为"合并-查找""不交集查找"）实现。该算法的基本过程是：

（1）查找（Find）：确定特定元素所在的子集。这可用于确定两个元素是否在同一子集中。

（2）合并（Union）：将两个子集合并为一个子集。

Union-find 算法可以高效地确定两个节点是否相连，或是图中是否存在环，但是算法不会返回连接的路径。

11.4.2 过程概述 – algo.unionFind*

[1] A. Monge and C. Elkan, (1997) "An Efficient Domain Independent Algorithm for Detecting Approximately Duplicate Database Records".

[2] Y. An, J. C. M. Janssen, and E. E. Milios, Knowledge and Information Systems, (2001) "Characterizing and Mining Citation Graph of Computer Science Literature".

[3] Anderson, Richard J.; Woll, Heather (1994). Wait-free Parallel Algorithms for the Union-Find Problem. 23rd ACM Symposium on Theory of Computing. pp. 370–380.

11.4.3　过程调用接口 – algo.unionFind*

<table>
<tr><td rowspan="2">过程接口</td><td>

```
// 寻找图中连通分量，结果写入节点属性
CALL algo.unionFind(
    label, relationship, {config}
)
YIELD nodes, setCount, loadMillis, computeMillis, writeMillis;
```

</td></tr>
<tr><td>

```
// 寻找图中连通分量，返回结果
CALL algo.unionFind.stream(
    label, relationship, {config}
)
YIELD nodeId,setId
```

</td></tr>
</table>

algo.unionFind 过程参数如表 11-6 所示。

表 11-6　algo.unionFind 过程参数

参数名	类型	默认值	可选？	说明
label	字符串	Null	是	可以有多种取值: - null，所有节点 - 标签名
relationship	字符串	Null	是	关系类型名。若为空则表示所有关系类型
Config	映射（Map）	{}	是	配置选项，参见本表下面各行的说明
write	布尔值	true	是	指定是否应将结果写回关系
weightProperty	字符串	null	是	权重属性名。为 null 表示边没有权重
threshold	浮点数	0.0	是	当权重大于此 threshold 时将节点包括在连通子图中
defaultValue	浮点数	0.0	是	权重属性不存在时的默认权重值
writeProperty	字符串	'partition'	是	保存连通分量所属群组的 id 的节点属性名
graph	'heavy'	Null	是	graph 取值'heavy'时，label 中是标签名，relationship 中是关系名；graph 取值'cypher'时，label 和 relationship 中分别是节点和关系查询。对于节点和关系各自大于 20 亿时使用'huge'
concurrency	int	可用的 CPU 内核	是	并发线程数
consecutiveIds	布尔值	false	是	是否为子图指定连续的 ID

连通分量过程也支持带权重的节点。这个通过 {config} 配置中的 **weightProperty** 和 threshold 两个参数实现。

11.4.4　示例 – algo.unionFind*

```
// 11.4(1) 计算图中连通分量的数量
//    - 使用 ALGO 过程
//    - 关系上面没有权重

CALL algo.unionFind.stream('Page','LINKS')
YIELD nodeId, setId
RETURN algo.asNode(nodeId).name, setId

// 11.4(2) 计算图中连通分量的数量
//    - 使用 ALGO 过程，结果写入节点属性
//    - 关系上面没有权重
//    - 并行操作

CALL algo.unionFind.stream('Page','LINKS',{concurrency:2})
```

11.5　标签传播算法

11.5.1　概述

标签传播算法[1]（Label Propagation Algorithms，LPA）是一种用于在图中查找社区的快速算法。在 LPA 中，节点根据其直接邻居选择组。这个过程非常适合预先不太明确如何分组的图，而且可以借助权重帮助节点确定将自己置于哪个社区。它也适合于半监督的学习，对部分节点预先分配标签，通过标签的传播来对图中节点进行分类[2]。

标签传播算法背后的思路是：某个标签在一个密集连接的节点群组（社区）中很快就会被传播开，而在一个稀疏连接的群组则没那么容易。在一个节点密集连接的组中，在算法结束时组中的节点都应该拥有相同的标签，因此属于同一社区。

对于重叠的情况，即某节点同时拥有到属于不同社区的其他节点的连接，那么取节点和关系总权重最大的那个社区所拥有的标签作为该节点的标签。

标签传播算法的两种模式：

1. PUSH（推送）方式——见图 11-4

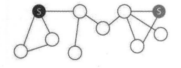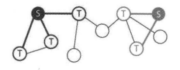

初始化时，给 2 个种子节点赋予样本标签。　　从 2 个节点出发找到直接的邻居，并将样本标签传播到邻居节点。　　传播过程中，没有冲突时样本标签自动复制。

图 11-4　标签传播算法的 PUSH 模式

---

[1] U.N.Raghavan – R. Albert – S. Kumara "Near linear time algorithm to detect community structures in large-scale networks", 2007

[2] Zhu, Xiaojin. "Learning From Labeled and Unlabeled Data With Label Propagation".

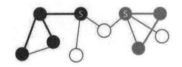 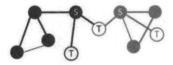 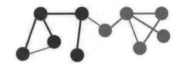

被赋予标签的节点成为新的种
子节点。

冲突发生时，按照指定规则（例如
关系的权重）来决定标签。

该过程一直运行到所有节点都被
更新，这样就有了两个社区。

图 11-4　标签传播算法的 PUSH 模式（续）

2. PULL（拉取）方式——见图 11-5

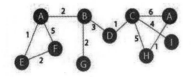 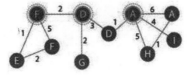 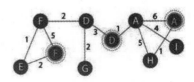

初始化时，有 2 个节点的标签是
A，其他节点有各自的标签；节
点权重都是 1。

节点根据处理顺序混编，每个节点
先考虑其直接邻居（图中加亮
的）。节点会得到关系/边总权重
最高的节点的标签。

这里突出显示的 3 个节点没有改
变其标签，因为通过最高权重的
边到达的节点拥有相同的标签。

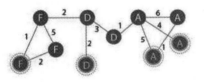 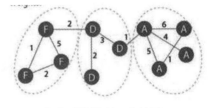

过程一直执行到所有节点都更新过它们的标签。

完成后检测到 3 个社区。

图 11-5　标签传播算法的 PULL 模式

　　与其他算法相比，标签传播算法在同一图上多次运行时可能返回不同的社区结构。LPA
评估节点的顺序可以对返回的最终社区产生影响。当一些节点被给予初始标签（即种子标签）
而其他未标记时，标签解析的范围变小了。未标记的节点更有可能采用初始标签。

　　这种标签传播过程是一种寻找社区的、半监督的学习方法，属于一类机器学习任务。通
过在少量标记数据上进行学习来实现对更大量的未标记数据进行分类。

　　最后，LPA 有时无法收敛。在这种情况下，社区划分时在一些非常相似的社区之间会不
断反复，因而算法永远不会完成。增加种子标签有助于帮助该过程的完成。在 ALGO 相关过
程中可以使用设定的最大迭代次数来避免永无止境的执行。这时需要测试不同的数据迭代设
置以平衡准确性和执行处理时间。

　　在大规模网络中使用标签传播进行初始社区检测，尤其是当有权重可用时。该算法可以
并行执行，因此图分区速度极快。

　　典型的应用场景包括：

- 对推文进行语义分析，并指定内容的"极性"（Polarity）。这里，先对部分种子推文指定正面或负面标签，然后结合 Twitter 的粉丝关系图来对其他推文进行分类[1]。
- 在可能共同使用的处方药物中发现潜在的危险组合，基于化学相似性和副作用的特征[2]。
- 为机器学习模型推断对话特征和用户意图[3]。

11.5.2　过程概述 – algo.labelPropagation*

11.5.3　过程调用接口 – algo.labelPropagation*

```
// 寻找图中连通分量，结果写入节点属性
CALL algo.labelPropagation (
    label, relationship, {config}
)
YIELD nodes, iterations, didConverge, loadMillis,
    computeMillis, writeMillis, write, weightProperty,
    writeProperty

// 寻找图中连通分量，返回结果
CALL algo.labelPropagation.stream(
    label, relationship, {config}
)
YIELD nodeId,label
```

algo.labelPropagation 过程参数如表 11-7 所示。

---

[1] M. Speriosu et al, Proceedings of the First Workshop on Unsupervised Learning in NLP. (2011) "Twitter Polarity Classification with Label Propagation over Lexical Links and the Follower Graph".

[2] P. Zhang et al, 2015. "Label Propagation Prediction of Drug–Drug Interactions Based on Clinical Side Effects".

[3] Y. Murase et al, IWSDS 2017."Feature Inference Based on Label Propagation on Wiki data Graph for DST".

表 11-7　algo.labelPropagation 过程参数

参数名	类型	默认值	可选?	说明
label	字符串	Null	是	可以有多种取值: - null，所有节点 - 标签名
relationship	字符串	Null	是	关系类型名。若为空则表示所有关系类型
Config	映射（Map）	{}	是	配置选项，参见本表下面各行的说明
Write	布尔值	true	是	指定是否应将结果写回关系
weightProperty	字符串	'weight'	是	权重属性名
Threshold	浮点数	0.0	是	当权重大于此 threshold 时将节点包括在连通子图中
defaultValue	浮点数	0.0	是	权重属性不存在时的默认权重值
partitionProperty	字符串	'partition'	是	包含初始标签的属性名，其值必须是数字
writeProperty	字符串	'partition'	是	保存连通分量所属群组的 id 的节点属性名
graph	'heavy'	Null	是	graph 取值 'heavy' 时，label 中是标签名，relationship 中是关系名；graph 取值 'cypher' 时，label 和 relationship 中分别是节点和关系查询。对于节点和关系各自大于 20 亿时使用 'huge'
concurrency	int	可 用 的 CPU 内核	是	并发线程数
direction	字符串	'direction'	是	关系的方向，可用值（不区分字母大小写）: - incoming - outgoing - both
iterations	正整数	1	是	标签传播过程的迭代次数

通分量过程也支持带权重的节点。这个通过{config}配置中的 weightProperty 和 threshold 两个参数实现。

11.5.4　示例 – algo.unionFind*

```cypher
// 11.5(1) 通过标签传播算法发现图中的社区
//    - 使用 ALGO 过程

CALL algo.labelPropagation.stream(
  "城市", "公路连接|铁路连接", { iterations: 10 }
)
YIELD nodeId, label
RETURN *

// 11.5(2) 通过标签传播算法发现图中的社区
//    - 使用 ALGO 过程
```

```
//    - 为节点分配新的社区标签

CALL algo.labelPropagation.stream(
  "城市", "公路连接|铁路连接", { iterations: 10 }
)
YIELD nodeId, label
WITH nodeId, label
CALL apoc.cypher.doIt('MATCH (n) WHERE id(n) = ' + nodeId + ' SET
n:Group_' + label, NULL)
YIELD value
RETURN value
```

查询 11.5(2)中，我们使用 apoc.cypher.doIt()过程根据 LPA 算法得到的分区结果（保存在 label 变量中）给节点赋予动态的标签（格式：'Group ??'）。在 Neo4j Browser 中再给每个标签分配不同的颜色，可以得到如图 11-6 所示的结果。

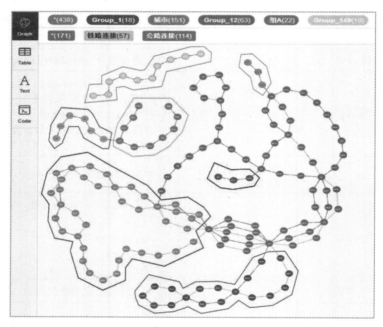

图 11-6　标签传播的计算结果

11.6　Louvain 模块度算法

11.6.1　概述

鲁汶算法（Louvain 算法）模块度算法[1]是一种用于检测网络中社区的算法；该算法于

---

[1] Blondel, Vincent D; Guillaume, Jean-Loup; Lambiotte, Renaud; Lefebvre, Etienne (9 October 2008). "Fast unfolding of communities in large networks". Journal of Statistical Mechanics: Theory and Experiment. 2008 (10): P10008.

2008 年由鲁汶大学的作者提出，因此得名。该算法也是同类基于模块度的算法中运行速度最快的一个。

要理解鲁汶算法的思想，首先需要理解"模块度"的概念。模块度旨在衡量网络划分为模块（也称为组、集群或社区）的强度。具有高模块度的网络在模块内的节点之间具有密集连接，但是在不同模块中的节点之间具有稀疏连接。

模块度 Q 的取值在[-1,1]之间。如果模块内边的数量超过基于随机原则产生的预期边的数量，则为正。一般网络的 Q 值在 0.3 ~ 0.7 之间，模块度处于该区间说明模块具有良好的结构。

基于模块度的鲁汶算法就是在寻找一种节点分类结果使得每个社区的模块度达到最大值，这就使之成为一个最优化问题。

鲁汶算法包括重复应用两个步骤：

● 第一步是按照一种"贪心算法"将节点快速分配给某个社区，这有利于模块的本地优化。

● 第二步是基于第一步中找到的社区得到一个粗粒度网络。重复这两个步骤，直到重新分配节点的社区已经不可能再进一步增加社区的模块度（最大化）。

鲁汶算法使用下面的公式计算全图的模块度：

$$M = \sum_{c=1}^{n_c} \left[\frac{L_c}{L} - \left(\frac{k_c}{2L} \right)^2 \right]$$

其中：L - 图中所有关系的总数
　　　L_c - 模块 c 中关系的总数
　　　k_c - 模块 c 中所有节点的度的总和

以下举出几个模块度的例子（参考图 11-7）。

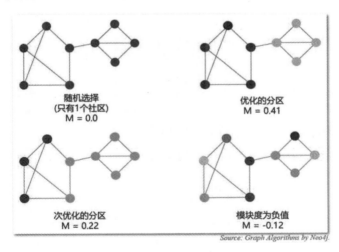

图 11-7　模块度的例子

模块度算法的特点和优势：

（1）在庞大的网络中查找社区。该算法在计算模块度时应用启发式规则而不是精确计算，这简化了复杂度，而其他基于模块度的算法在大型图上运行或更加吃力。

（2）对评估复杂网络的结构非常有帮助，特别是能够揭示图的多层次结构，这在诸如犯罪团伙中比较常见。得到的粗粒度网络支持一层层地放大或缩小，实现在子社区内查找子社区、子社区的子社区，等等。

（3）对于超大型网络，模块度算法可以和随机漫步算法（参见 10.9 节）相结合[1] [2]。

模块度算法的应用场景包括：

- 在大规模信息网络中检测网络攻击[3]。
- 从 Twitter 和 YouTube 等在线社交平台中提取主题，基于文档中术语共同出现的频率，作为主题建模过程的一部分[4]。
- 在大脑的功能网络中寻找层级社区结构[5]。

主要的模块度算法（包括鲁汶算法），有两个主要局限：

（1）算法无法识别在大型网络中的小型社区。解决的办法是通过审查合并的中间步骤。
（2）在大型网络中，如果存在重叠社区，模块化优化可能无法正确地确定全局最大值。在这种情况下，建议将模块度算法用于网络总体模块/社区的大致而非精确的估计。

11.6.2　过程概述 – algo.louvain*

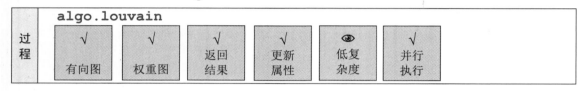

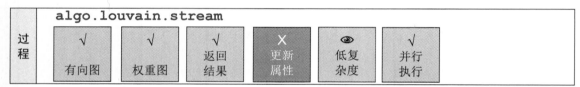

11.6.3　过程调用接口 – algo.louvain*

```
// 运行模块度算法划分社团，结果写入节点属性
CALL algo.louvain (
    label, relationship, {config}
)
YIELD nodes, communityCount, iterations, loadMillis,
    computeMillis, writeMillis
```

[1] Pons, Pascal; Latapy, Matthieu (2006). "Computing Communities in Large Networks Using Random Walks" (PDF). Journal of Graph Algorithms and Applications. 10 (2): 191–218.

[2] Blondel, Vincent D.; Guillaume, Jean-Loup; Lambiotte, Renaud; Lefebvre, Etienne (2008). "Fast unfolding of communities in large networks". Journal of Statistical Mechanics: Theory and Experiment. 2008 (10): P10008.

[3] Sunanda Vivek Shanbhaq, 2016. "A faster version of Louvain method for community detection for efficient modeling and analytics of cyber systems".

[4] G. S. Kido, R. A. Igawa, and S. Barbon Jr., 2016. "Topic Modeling Based on Louvain Method in Online Social Networks".

[5] D. Meunier et al., 2009. "Hierarchical Modularity in Human Brain Functional Networks".

```
//运行模块度算法划分社团，返回结果
CALL algo.louvain.stream(
    label, relationship, {config}
)
YIELD nodeId,community
```

algo.louvain 过程参数如表 11-8 所示。

表 11-8　algo.louvain 过程参数

参数名	类型	默认值	可选？	说明
label	字符串	Null	是	可以有多种取值： - null，所有节点 - 标签名
relationship	字符串	Null	是	关系类型名。若为空则表示所有关系类型
Config	映射	{}	是	配置选项，参见本表下面各行的说明
write	布尔值	true	是	指定是否应将结果写回关系
weightProperty	字符串	'weight'	是	权重属性名
threshold	浮点数	0.0	是	当权重大于此 threshold 时将节点包括在连通子图中
defaultValue	浮点数	0.0	是	权重属性不存在时的默认权重值
includeIntermediateCommunities	布尔值	false	是	是否返回模块度计算中间结果数组
intermediateCommunities WriteProperty	字符串	'communities'	是	保存节点所属的模块/社团的 ID，这些社团是模块度计算的中间结果
communityProperty	字符串	Null	是	包含初始社团 ID 的属性名，其值必须是数字
writeProperty	字符串	'community'	是	保存节点所属群组的 ID 的节点属性名
graph	'heavy'	Null	是	graph 取值'heavy'时，label 中是标签名，relationship 中是关系名；graph 取值 'cypher'时，label 和 relationship 中分别是节点和关系查询。对于节点和关系各自大于 20 亿时使用'huge'
concurrency	int	可用的 CPU 内核	是	并发线程数

11.6.4 示例 – algo.louvain*

```cypher
// 11.6(1) 计算图的 Louvain 模块度，并返回最终结果
//   - 使用 ALGO 过程

CALL algo.louvain.stream('城市', '公路连接|铁路连接')
YIELD nodeId, community
RETURN algo.asNode(nodeId).name AS node, community
ORDER BY community;


// 11.6(2) 计算图的 Louvain 模块度，将最终和中间结果写入节点属性
//   - 使用 ALGO 过程

CALL algo.louvain('城市', '公路连接|铁路连接',
  {
   write:true,
   includeIntermediateCommunities: true,
   intermediateCommunitiesWriteProperty: 'communities'
  }
)
YIELD nodes, communityCount, iterations, loadMillis,
      computeMillis, writeMillis


// 11.6(3) 查询社区划分结果，并返回结果
//   - 使用 Cypher

MATCH (n:城市)
RETURN n.communities[-1] AS community,
      collect(n.name) AS libraries
ORDER BY size(libraries) DESC
```

图 11-8 所示为运行模块度算法得到的社团划分。

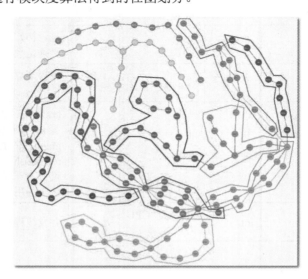

图 11-8　运行模块度算法得到的社团划分

11.7 小结

在表 11-9 中，将对本章中所介绍的社区检测算法做一个比较。

表 11-9　社区检测算法的比较

名称	寻找社区的方法	有向图/无向图	支持非连通图？	支持带权重的关系？	应用场景
三角计数	三角形的图结构	有向+无向	√	不适用	评估网络的稳定性以及网络是否会表现出在紧密结合的图中看到的"小世界网络"行为
强连通分量	双向的连通性	有向	√	√	提供产品推荐，基于社区的相似关系或类似产品
连通分量	单向的连通性	无向	√	√	为其他算法执行快速分组以及识别数据岛
标签传播算法	根据权重传播节点标签	有向+无向	√	√	理解社交群体的共识；发现可能共同使用的处方药的危险组合
鲁汶模块度算法	使划分的社区的模块度最大化	无向	√	√	在欺诈分析中，评估社区中是否只有若干离散的不良行为或是存在欺诈团伙

社区检测算法的目标就是识别群组/社区/模块。但是，因为不同的算法以不同的假设开始，它们可能会发现不同的社区。这使得为特定问题选择正确的算法更具挑战性，而且往往需要一些探索。

当关系密集时，大多数社区检测算法都能做得相当好：这是因为与周围环境相比，群体内部节点的连接度较高。然而，现实世界的网络社区结构并不都是那么明显。为了验证发现的社区的准确性，可以将我们的结果与社区结构已知的基准网络相比较。

两个最著名的基准是 Girvan-Newman（GN）[1]和 Lancichinetti-Fortunato-Radicchi（LFR）[2]算法。这两个算法生成的参考网络是完全不同的：GN 生成一个随机的同构网络，而 LFR 创建的是一个更加异构的网络，其中节点的度和社区规模根据幂律分配。

由于测试的准确性取决于所使用的基准，因此匹配基准网络与数据集就变得非常重要：即尽可能地寻找与数据集在密度、关系分布、社区定义和相关域等方面都相似的基准网络。

[1] Girvan M. and Newman M. E. J., Community structure in social and biological networks, Proc. Natl. Acad. Sci. USA 99, 7821–7826 (2002)
[2] A. Lancichinetti, S. Fortunato, and F. Radicchi.(2008) Benchmark graphs for testing community detection algorithms. Physical Review E, 78.

第 12 章

◀ 中心性算法 ▶

在图计算中，中心性定义了节点在图或网络中的地位。最著名的中心性算法恐怕要算谷歌的"页面排行"。

12.1 中心性算法概述

中心性算法过程如表 12-1 所示。

表 12-1 中心性算法过程

过程名	调用接口	说明

algo.betweenness	CALL algo.betweenness(
	  label:String, relationship:String,
	  { direction:'out',write:true,
	    writeProperty:'centrality',
	    stats:true, concurrency:4
	  }
	)
	YIELD loadMillis, computeMillis,
	  writeMillis, nodes, minCentrality,
	  maxCentrality, sumCentrality
		间接中心性，计算结果写入节点属性

algo.betweenness.sampled	CALL algo.betweenness.sampled(
	  label:String, relationship:String,
	  { strategy:'random', probability:double,
	    maxDepth:5, direction:'out',write:true,
	    writeProperty:'centrality', stats:true,
	    concurrency:4
	  }
	)
	YIELD loadMillis, computeMillis,
	  writeMillis, nodes, minCentrality,
	  maxCentrality, sumCentrality
		采样间接中心性，计算结果写入节点属性

algo.betweenness.sampled.stream	CALL algo.betweenness.sampled.stream(
	  label:String, relationship:String,
	  { strategy:{'random', 'degree'},
	    probability:double, maxDepth:int,
	    direction:String, concurrency:int
	  }
	)
	YIELD nodeId, centrality
		采样间接中心性，计算结果返回客户端

过程名	调用接口	说明
algo.betweenness.stream	CALL algo.betweenness.stream(　label:String, relationship:String, 　{ direction:'out', concurrency :4}) YIELD nodeId, centrality	间接中心性，计算结果返回客户端
algo.closeness	CALL algo.closeness(　label:String, relationship:String, 　{ write:true, writeProperty:'centrality', 　　concurrency:4'}) YIELD loadMillis, computeMillis, 　writeMillis, nodes	紧密中心性，计算结果写入节点属性
algo.closeness.harmonic	CALL algo.closeness.harmonic(　label:String, relationship:String, 　{ write:true, writeProperty:'centrality', 　　concurrency:4 　}) YIELD loadMillis, computeMillis, 　writeMillis, nodes	协调中心性，计算结果写入节点属性
algo.closeness.harmonic.stream	CALL algo.closeness.harmonic.stream(　label:String, 　relationship:String, 　{concurrency:4})　YIELD nodeId, centrality	协调中心性，计算结果返回客户端
algo.closeness.stream	CALL algo.closeness.stream(　label:String, 　relationship:String, 　{concurrency:4})　YIELD nodeId, centrality	紧密中心性，计算结果返回客户端
algo.degree	CALL algo.degree(　label:String, relationship:String, 　{ weightProperty: null, write: true, 　　writeProperty:'degree', concurrency:4}) YIELD nodes, iterations, loadMillis, 　computeMillis, writeMillis, dampingFactor, 　write, writeProperty	度中心性，计算结果写入节点属性
algo.degree.stream	CALL algo.degree.stream(　label:String, relationship:String, 　{ weightProperty: null, concurrency:4})　YIELD node, score	度中心性，计算结果返回客户端
algo.eigenvector	CALL algo.eigenvector(　label:String, relationship:String, 　{ weightProperty: null, write: true, 　　writeProperty:'eigenvector', 　concurrency:4}) YIELD nodes, iterations, loadMillis, 　computeMillis, writeMillis, dampingFactor, 　write, writeProperty	向量中心性，计算结果写入节点属性

过程名	调用接口	说明

algo.eigenvector.stream	CALL algo.eigenvector.stream(
	  label:String, relationship:String,
	  { weightProperty: null, concurrency:4}
	) YIELD node, score
		向量中心性，计算结果返回客户端

algo.pageRank	CALL algo.pageRank(
	  label:String, relationship:String,
	  { iterations:5, dampingFactor:0.85,
	    weightProperty: null, write: true,
	    writeProperty:'pagerank', concurrency:4}
	)
	YIELD nodes, iterations, loadMillis,
	 computeMillis, writeMillis, dampingFactor,
	 write, writeProperty
		页面排行，计算结果写入节点属性

algo.pageRank.stream	CALL algo.pageRank.stream(
	  label:String, relationship:String,
	  { iterations:20, dampingFactor:0.85,
	    weightProperty: null, concurrency:4
	  }
	) YIELD node, score
		页面排行，计算结果返回客户端

在图论和网络分析中，中心性指标识别图中最重要的顶点。它的应用非常广泛，包括识别社交网络中最有影响力的人，互联网或城市网络中关键的基础设施节点，以及疾病的超级传播者。

关于"重要性"的定义其实有不同的方法。目前主要有两类：

● 基于图中的流或者传输类型
● 基于节点对图的凝聚力（Cohesiveness）的贡献

常用的计算中心性的方法包括：

● 度中心性（Degree Centrality）
● 紧密中心性（Closeness Centrality）
● 间接中心性（Betweenness Centrality）
● 特征向量中心性（Eigenvector Centrality）
● 协调中心性（Harmonic Centrality）
● 页面排行（PageRank）

需要指出的是，对同一个图，使用不同中心性算法得到的结果往往是不一样的，如图12-1 所示。

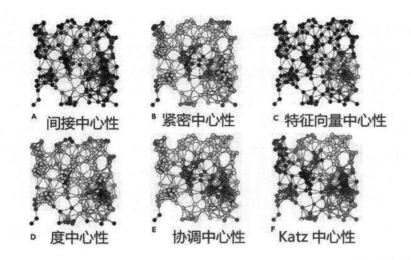

图 12-1　不同中心性显示：颜色越靠近红色中心性越高；越靠近蓝色中心性越低

12.2　度中心性

12.2.1　概述

最早出现的而且是概念上最简单的中心性是度中心性[1]，其定义为在节点上的边/关系的数量，即节点具有的连接的数量。

在包含有向关系的网络中，通常定义两个单独的度数，即入度（Indegree）和出度（Outdegree）。Indegree 是指向节点的关系数量的计数，在社交网络中通常将其解释为节点受欢迎的程度。Outdegree 是节点指向其他节点的关系数量，在社交网络中可以解释为节点的合群程度。

一个节点的度中心性等于其所有边数量的总和。中心性的值越大，表示该节点拥有的连接数越多。连接/边也可以带权重。

度中心性的应用场景：

● 　交网络中的重要人物

例如在 2017 年对 Twitter 的分析发现，最有影响力的男性和女性中，每个类别中排名前 5 位的用户各有超过 4000 万粉丝[2]。

● 　在线拍卖中的欺诈者

欺诈者的加权中心性显著提高，因为他们倾向于相互串通以人为地增加物品的价格[3]。

---

[1]　Linton C. Freeman, 1979. "Centrality in Social Networks: Conceptual Clarification".
[2]　BrandWatch, "Most Influential Men and Women on Twitter 2017".
[3]　P. Bangcharoensap et al., 2015. "Two Step Graph-Based Semi-Supervised Learning for Online Auction Fraud Detection".

12.2.2　过程概述 – algo.degree*

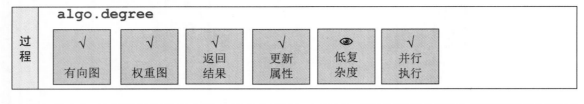

12.2.3　过程调用接口 – algo.degree*

```
// 运行度中心性算法，结果写入节点属性
CALL algo.degree(
    label, relationship, {config}
)
YIELD nodes, loadMillis, computeMillis, writeMillis,
    write, writeProperty

// 运行度中心性算法，返回结果
CALL algo.degree.stream(
    label, relationship, {config}
)
YIELD nodeId,score
```

algo.degree 过程参数如表 12-2 所示。

表 12-2　algo.degree 过程参数

参数名	类型	默认值	可选？	说明
label	字符串	Null	是	可以有多种取值： - null，所有节点 - 标签名
relationship	字符串	Null	是	关系类型名。若为空则表示所有关系类型
config	映射	{}	是	配置选项，参见本表下面各行的说明
write	布尔值	true	是	指定是否应将结果写回关系
weightProperty	字符串	Null	是	权重属性名
threshold	浮点数	0.0	是	当权重大于此 threshold 时将节点包括在连通子图中
defaultValue	浮点数	0.0	是	权重属性不存在时的默认权重值
communityProperty	字符串	Null	是	包含初始社团 ID 的属性名，其值必须是数字

参数名	类型	默认值	可选？	说明
writeProperty	字符串	'degree'	是	保存节点度中心性值的节点属性名
graph	'heavy'	Null	是	graph 取值'heavy'时，label 中是标签名，relationship 中是关系名；graph 取值 'cypher' 时，label 和 relationship 中分别是节点和关系查询。对于节点和关系各自大于 20 亿时使用'huge'
concurrency	int	可用的 CPU 内核	是	并发线程数
direction	字符串	'both'	是	关系的方向，可用值（不区分字母大小写）： - incoming - outgoing - both

12.2.4 示例 – algo.degree*

```
// 12.2(1) 计算全图中所有节点的度中心性
//  - 包括所有关系和两个方向
//  - 同一对节点之间，一个方向上的关系只统计一次
//  - 结果直接返回

CALL algo.degree.stream('城市', NULL, {direction: 'BOTH'})
YIELD nodeId, score
RETURN algo.asNode(nodeId).name AS node, score AS centrality
ORDER BY centrality DESC
LIMIT 20;

// 12.2(2) 计算全图中所有节点的度中心性
//  - 包括所有关系和两个方向
//  - 计算权重：distance
//  - 同一对节点之间，一个方向上的关系只统计一次
//  - 结果直接返回

CALL algo.degree.stream('城市', NULL,
  {direction: 'BOTH', weightProperty: 'distance'}
)
YIELD nodeId, score
RETURN algo.asNode(nodeId).name AS node, score AS centrality
ORDER BY centrality DESC
LIMIT 20;
```

12.3 紧密中心性

12.3.1 概述

在连通图中，节点的归一化紧密度中心性（Closeness Centrality，或接近度）是节点与图中所有其他节点之间的最短路径的平均长度[1] [2]。 因此，节点越中心，它就越接近所有其他节点。

一个节点的紧密中心性等于其到所有其他节点的最短距离的倒数：

$$C(x) = \frac{1}{\sum_y d(y, x)}$$

一个节点紧密中心性的值越大，节点到其他所有节点的平均距离总和越小，表示该节点越处于整个图的中心。

相对于使用平均距离的倒数，另一种方法是将该分数标准化（Normalize）以使其代表最短路径的平均长度而不是它们的总和。这种调整允许比较不同大小的图的节点的紧密度中心性。

$$\overline{C}(x) = \frac{(N-1)}{\sum_y d(y, x)}$$ 这里 N 是节点总数。

紧密中心性有众多应用场景：

- 紧密中心性用于研究组织网络，其中具有高紧密度值的个人处于有利位置以控制和获取组织内的重要信息和资源。其中一项研究是 Valdis E. Krebs 的 "恐怖分子小组网络"[3]。

- 紧密中心性可以被解释为流过电信网络或包裹递送网络的信息的估计时间，其中信息通过最短路径流向预定目标。它还可以通过所有最短路径传播的网络同时传播信息，例如通过社交网络传播的信息。在 Stephen P. Borgatti 的 "Centrality and network flow" 中有更多详细信息[4]。

- 基于图的关键短语提取过程，已使用紧密度中心性来估计文档中单词的重要性。Florian Boudin 在 "基于图的关键短语提取的中心度量的比较" 中描述了该过程 [5]。

由于紧密中心性的计算是基于节点之间的距离，因此在连通图上最有效。在未连通的图上使用上面的公式，两个节点之间的距离将会是无限远。为解决这个问题，紧密中心性产生了其他变体，例如协调中心性。

---

[1] Alex Bavelas. Communication patterns in task-oriented groups. J. Acoust. Soc. Am, 22(6):725–730, 1950.

[2] Sabidussi, G (1966). "The centrality index of a graph". Psychometrika. 31 (4): 581–603.

[3] V. E. Krebs, 2002. "Mapping Networks of Terrorist Cells".

[4] S. P. Borgatti, 2005. "Centrality and Network Flow".

[5] F. Boudin, 2013."A Comparison of Centrality Measures for Graph-Based Keyphrase Extraction".

12.3.2　过程概述 – algo.closeness*

12.3.3　过程调用接口 – algo.closeness*

<table>
<tr><td rowspan="2">过
程
接
口</td><td>

```
// 计算节点的紧密中心性，结果写入节点属性
CALL algo.closeness(
    label, relationship, {config}
)
YIELD nodes, loadMillis, computeMillis, writeMillis,

// 计算节点的紧密中心性，返回结果
CALL algo.closeness.stream(
    label, relationship, {config}
)
YIELD nodeId, centrality
```

</td></tr>
</table>

algo.closeness 过程参数如表 12-3 所示。

表 12-3　algo.closeness 过程参数

参数名	类型	默认值	可选?	说明
label	字符串	Null	是	可以有多种取值: - null，所有节点 - 标签名
relationship	字符串	Null	是	关系类型名。若为空则表示所有关系类型
config	映射	{}	是	配置选项，参见本表下面各行的说明
write	布尔值	true	是	指定是否应将结果写回关系
writeProperty	字符串	'centrality'	是	保存节点紧密中心性值的节点属性名
graph	'heavy'	Null	是	graph 取值 'heavy' 时，label 中是标签名，relationship 中是关系名；graph 取值 'cypher' 时，label 和 relationship 中分别是节点和关系查询。对于节点和关系各自大于 20 亿时使用 'huge'
concurrency	int	可用的 CPU 内核	是	并发线程数

（续表）

参数名	类型	默认值	可选？	说明
direction	字符串	'both'	是	关系的方向，可用值（不区分字母大小写）： - incoming - outgoing - both
improved	布尔值	false	是	是否使用紧密中心性的变体#。对于非连通图，设置该选项为 true

注：紧密中心性的变体。斯坦利·沃瑟曼和凯瑟琳·福斯特提出了一个改进的公式，用于计算具有多个子图的节点紧密中心性，而这些子图之间没有连接。该公式基于组中可到达的部分节点与可到达节点的平均距离的比率。

$$C_{WF}(u) = \frac{n-1}{N-1} \frac{n-1}{\sum_{v=1}^{n-1} d(u,v)}$$

这里，u 是当前节点，n 是与 u 在同一子图中的节点总数，N 是图中节点总数，$d(u,v)$是节点 u 和 v 之间的距离。

12.3.4　示例 – algo.closeness*

```
// 12.3(1) 计算全图中所有节点的紧密中心性

CALL algo.closeness.stream('城市', NULL)
YIELD nodeId, centrality
RETURN algo.asNode(nodeId).name AS node, centrality
ORDER BY centrality DESC LIMIT 20;



// 12.3（2） 计算全图中所有节点的紧密中心性，包括非连通分量

CALL algo.closeness.stream('城市', NULL, {improved: true})
YIELD nodeId, centrality
RETURN algo.asNode(nodeId).name AS node, centrality
ORDER BY centrality DESC LIMIT 20;
```

12.4　协调中心性

12.4.1　概述

协调中心性（Harmonic Centrality，也称为赋值中心性）是紧密中心性的变体[1]，它最初的

---

[1] Marchiori, Massimo; Latora, Vito (2000), "Harmony in the small-world", Physica A: Statistical Mechanics and its Applications, 285 (3–4): 539–546.

提出是用于解决非连通图的中心性计算问题。

　　因为不相连的节点之间的距离是无穷大，在计算协调中心性时将这些距离的倒数相加而不是将节点与所有其他节点的距离相加，以得到节点之间的平均最短路径。计算公式如下：

$$H(u) = \sum_{v=1}^{n-1} \frac{1}{d(u,v)}$$

12.4.2　过程概述 – algo.harmonic*

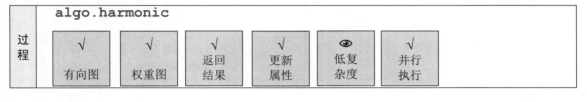

12.4.3　过程调用接口 – algo.harmonic*

```
// 计算节点的协调中心性，结果写入节点属性
CALL algo.harmonic(
    label, relationship, {config}
)
YIELD nodes, loadMillis, computeMillis, writeMillis,

// 计算节点的协调中心性，返回结果
CALL algo.harmonic.stream(
    label, relationship, {config}
)
YIELD nodeId, centrality
```

algo.harmonic 过程参数如表 12-4 所示。

表 12-4　algo.harmonic 过程参数

参数名	类型	默认值	可选？	说明
label	字符串	Null	是	可以有多种取值： - null，所有节点 - 标签名
relationship	字符串	Null	是	关系类型名。若为空则表示所有关系类型
config	映射	{}	是	配置选项，参见本表下面各行的说明
write	布尔值	true	是	指定是否应将结果写回关系

（续表）

参数名	类型	默认值	可选？	说明
writeProperty	字符串	'centrality'	是	保存节点协调中心性值的节点属性名
graph	'heavy'	Null	是	graph 取值'heavy'时，label 中是标签名，relationship 中是关系名；graph 取值 'cypher' 时，label 和 relationship 中分别是节点和关系查询。对于节点和关系各自大于 20 亿时使用'huge'
concurrency	int	可用的 CPU 内核	是	并发线程数
direction	字符串	'both'	是	关系的方向，可用值（大小写无关）： - incoming - outgoing - both

12.4.4　示例 – algo.harmonic*

```
// 12.4(1) 计算全图中所有节点的协调中心性

CALL algo.harmonic.stream('城市', NULL)
YIELD nodeId, centrality
RETURN algo.asNode(nodeId).name AS node, centrality
ORDER BY centrality DESC LIMIT 20;
```

12.5 　间接中心性

12.5.1　概述

间接中心性[1]（Betweenness Centrality）是一种检测节点对图中信息流的影响量的方法。间接中心性高的节点通常充当从图的一个部分到另一个部分的桥梁。当这些节点从图中被移除后，图会被分割成不连通的几个部分。

间接中心性算法使用广度优先搜索算法计算连通图中每对节点之间的最短（加权）路径。每个节点的间接中心性得分是基于通过该节点的最短路径的数量。最常出现在更多最短路径上的节点将具有更高的间接中心性得分。

一个节点间接中心性的值越大，表示通过该节点能够更有效地（概率更高）连接图中的其他任意一对节点。

间接中心性的限制：

---

[1] Freeman, Linton (1977). "A set of measures of centrality based upon betweenness". Sociometry. 40 (1): 35–41.

- 间接中心性假设节点之间的所有通信都沿着最短路径和相同频率发生，这在现实生活中并非如此。因此，它没有给出我们对图中最有影响的节点的完美视图，而只是一个很好的表示。
- 对于大规模的图，精确的间接中心性计算是不实际的。对于无权重的图，用于精确计算所有节点之间间接中心性的最快的已知算法需要至少 O(n*m)的时间，其中 n 是节点数，m 是关系数。

因此，ALGO 中包含了在大规模图中计算间接中心性的基于部分节点的近似算法，即 RA-Brandes 算法[1]。该算法采用两种方式选择节点：

（1）随机选择节点。
（2）只选择度数高于平均值的节点。

ALGO 中计算间接中心性的过程有以下几个：

- algo.betweenness()：基于 Brandes-BC 算法和节点分区的扩展。支持并行计算。
- algo.betweenness.exp1()：类 Brandes 算法，使用后续集合而非前导集合。不支持无向图。
- algo.betweenness.sampled()：基于图中重要节点计算间接中心性。可以指定节点选择策略：strategy:'random' 或者 strategy:'degree'，以及最大路径长度 maxDepth。

每个过程有两种运行模式：

（1）普通模式：计算结果写入节点的指定属性，过程返回所需时间和更新次数的统计。
（2）返回模式（Stream）：计算结果直接返回客户端。

12.5.2　过程概述 – algo.betweenness*

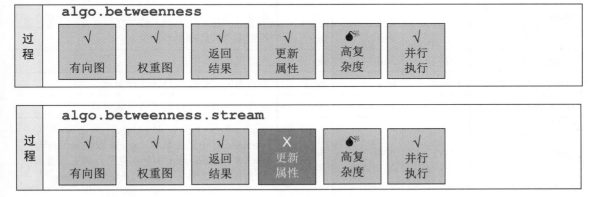

1　Brandes, Ulrik (2001). "A faster algorithm for betweenness centrality" (PDF). Journal of Mathematical Sociology. 25 (2): 163–177.

12.5.3　过程调用接口 – algo.betweenness*

<table>
<tr>
<td rowspan="1">过
程
接
口</td>
<td>

```
// 运行间接中心性算法，结果写入节点属性
CALL algo.betweenness(
    label, relationship, {config}
)
YIELD nodes, minCentrality, maxCentrality, sumCentrality,
    loadMillis, computeMillis, writeMillis

// 运行间接中心性算法，返回结果
CALL algo.betweenness.stream(
    label, relationship, {config}
)
YIELD nodeId,centrality


// 采用采样策略的间接中心性算法，返回结果
CALL algo.betweenness.sampled.stream(
    label, relationship, {config}
)
YIELD nodeId,centrality
```

</td>
</tr>
</table>

algo.betweenness 过程参数如表 12-5 所示。

表 12-5　algo.betweenness 过程参数

参数名	类型	默认值	可选？	说明
label	字符串	Null	是	可以有多种取值： - null，所有节点 - 标签名
relationship	字符串	Null	是	关系类型名。若为空则表示所有关系类型
config	映射	{}	是	配置选项，参见本表下面各行的说明
write	布尔值	true	是	指定是否应将结果写回关系
weightProperty	字符串	Null	是	权重属性名
stats	布尔值	true	是	是否返回中心度得分的统计信息
writeProperty	字符串	'degree'	是	保存节点度中心性值的节点属性名
graph	'heavy'	Null	是	graph 取值 heavy 时，label 中是标签名，relationship 中是关系名；graph 取值'cypher'时，label 和 relationship 中分别是节点和关系查询。对于节点和关系各自大于 20 亿时使用'huge'
concurrency	int	可 用 的 CPU 内核	是	并发线程数
direction	字符串	'both'	是	关系的方向，可用值（不区分字母大小写）： - incoming - outgoing - both

（续表）

参数名	类型	默认值	可选？	说明
以下的选项仅对 algo.betweenness.sampled*有效：				
strategy	字符串	'random'	是	节点采样的策略，可用值为： - random：随机 - degree：仅选择度数高于所有节点度数中间值的节点
probability	浮点数	1.0	是	选择节点的概率值
maxDepth	整数	1	是	计算最短路径时的最大遍历层数/路径中的关系数量

12.5.4　示例 – algo.betweenness*

```cypher
// 12.5(1) 计算全图中所有节点的间接中心性

CALL algo.betweenness.stream(
  '城市', '铁路连接|公路连接',{direction: 'BOTH'}
) YIELD nodeId, centrality
RETURN algo.asNode(nodeId).name AS node, centrality
ORDER BY centrality DESC
LIMIT 20;
```

12.6　特征向量中心性

12.6.1　概述

特征向量中心性是衡量网络中节点影响的指标。它基于以下概念为网络中的所有节点分配相对分数：对于每个节点来说，它与高得分节点的连接会贡献更多得分，它与低得分节点的连接只会贡献较少的得分[1] [2]。 Google（参见 12.7 节）的 PageRank 和 Katz[3]的中心性是特征向量中心性的变体[4]。

Eigen 的含义是"本征"，Eigenvector 解释为特征向量。图 12-2 解释了什么是特征向量。

---

[1] Christian F. A. Negre, Uriel N. Morzan, Heidi P. Hendrickson, Rhitankar Pal, George P. Lisi, J. Patrick Loria, Ivan Rivalta, Junming Ho, Victor S. Batista. (2018). "Eigenvector centrality for characterization of protein allosteric pathways". Proceedings of the National Academy of Sciences. 115 (52): E12201--E12208.

[2] M. E. J. Newman. "The mathematics of networks" (PDF). Retrieved 2006-11-09.

[3] Brandes, Ulrik (2001). "A faster algorithm for betweenness centrality" (PDF). Journal of Mathematical Sociology. 25 (2): 163–177.

[4] American Mathematical Society.

什么是特征向量？

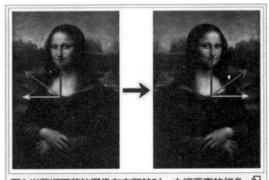

图1.当蒙娜丽莎的图像左右翻转时，中间垂直的红色向量方向保持不变。而水平方向上黄色的向量的方向完全反转，因此它们都是左右翻转变换的**特征向量**。红色向量长度不变，其**特征值**为1。黄色向量长度也不变但方向变了，其特征值为-1。橙色向量在翻转后和原来的向量不在同一条直线上，因此不是特征向量。

图 12-2　理解特征向量（图片来源：wikipedia.org）

　　特征向量中心性和度中心性不同，一个度中心性高的节点特征向量中心性不一定高，因为所有的连接者有可能特征向量中心性很低。同理，特征向量中心性高并不意味着它的度中心性高，它拥有很少但很重要的连接者也可以拥有高特征向量中心性。

　　下一节将介绍的页面排行算法（PageRank）就是特征向量中心性的一个变体。

12.6.2　过程概述 – algo.eigenvector*

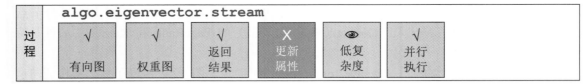

12.6.3　过程调用接口 – algo.eigenvector*

```
// 运行特征向量中心性算法，结果写入节点属性
CALL algo.eigenvector (
    label, relationship, {config}
)
YIELD nodes, iterations, loadMillis, computeMillis,
    writeMillis, dampingFactor, write, writeProperty

// 运行特征向量中心性算法，返回结果
```

```
CALL algo.eigenvector.stream(
    label, relationship, {config}
)
YIELD nodeId,score
```

algo.eigenvector 过程参数如表 12-6 所示。

表 12-6　algo.eigenvector 过程参数

参数名	类型 *	默认值	可选?	说明
label	字符串	Null	是	可以有多种取值： - null，所有节点 - 标签名
relationship	字符串	Null	是	关系类型名。若为空，则表示所有关系类型
config	映射	{}	是	配置选项，参见本表下面各行的说明
write	布尔值	true	是	指定是否应将结果写回关系
weightProperty	字符串	Null	是	权重属性名
defaultValue	浮点数	0.0	是	权重属性不存在时的默认权重值
normalization	字符串	Null	是	对结果进行标准化的操作类型，可用值为： - max：规范化到最大/最小值的区间 - l1norm：曼哈顿距离[1]规范化 - l2norm：欧几里德规范化
writeProperty	字符串	'degree'	是	保存节点度中心性值的节点属性名
graph	'heavy'	Null	是	graph 取值'heavy'时，label 中是标签名，relationship 中是关系名；graph 取值'cypher'时，label 和 relationship 中分别是节点和关系查询。对于节点和关系各自大于20 亿时使用'huge'
concurrency	int	可用的 CPU 内核	是	并发线程数
direction	字符串	'both'	是	关系的方向，可用值（不区分字母大小写）： - incoming - outgoing - both
iteration	正整数	1	是	算法过程执行的迭代次数

12.6.4　示例 – algo.eigenvector*

```
// 12.6(1) 计算节点的特征向量中心性
//    - Page 节点、LINKS 关系
//    - 规范化结果：使用最大值作为分母转换每个节点的值到(0,1]区间
```

[1] Krause, Eugene F. (1987). Taxicab Geometry. Dover. ISBN 978-0-486-25202-5.

```
CALL algo.eigenvector.stream(
  'Page', 'LINKS', {normalization: "max"}
)
YIELD nodeId, score
WITH algo.asNode(nodeId) AS node, score
RETURN node.name, score
ORDER BY score DESC


// 12.6(2) 计算节点的特征向量中心性
//     - 使用 Cypher 投影
//     - 规范化结果：使用最大值作为分母转换每个节点的值到(0,1]区间


CALL algo.eigenvector.stream(
  'MATCH (p:Page) RETURN id(p) as id',
  'MATCH (p1:Page)-[:LINKS]->(p2:Page) RETURN id(p1) as source, id(p2) as
target',
  {graph:'cypher', iteration:10, normalization: 'max' }
) YIELD nodeId, score
WITH algo.asNode(nodeId) AS node, score
RETURN node.name, score
ORDER BY score DESC
```

12.7 页面排行

12.7.1 概述

页面排行[1]（PageRank）以谷歌联合创始人拉里·佩奇（Larry Page）的名字命名。页面排行的基本假设是：页面如果具有更多进入（Incoming）链接和来自更有影响力的页面的进入链接，那么页面的重要性越高、更可能是可靠的信息来源。PageRank 计算节点的链入关系的数量和质量，从而确定该节点的重要程度。其他中心性算法都衡量节点的直接影响，而 PageRank 则考虑邻居及其影响。例如，拥有一些强大的朋友可以让你比拥有很多朋友更有影响力。

PageRank 通过多轮迭代，将一个节点的排名（最初基于节点的度）传播到其邻居节点上；或者通过随机遍历图并计算在这些遍历过程中访问每个节点的频率来计算。

对于节点 u 的 PageRank 计算公式如下：

$$PR(u) = (1-d) + d\left(\frac{PR(T1)}{C(T1)} + \ldots + \frac{PR(Tn)}{C(Tn)}\right)$$

- $T1 \sim Tn$ 是拥有从它们出发到达 u 的关系的节点。

---

[1] "Google Press Center: Fun Facts". www.google.com. Archived from the original on 2001-07-15.

- $C(Tn)$ 是 Tn 的度。
- d 是阻尼系数（Damping Factor），取值 0.85，$(1-d)$ 代表节点被访问的概率。

我们来看一些简单的例子（见图 12-3）。

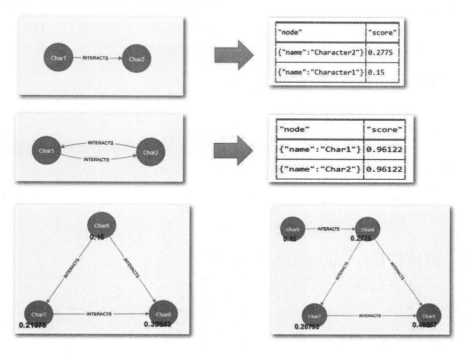

图 12-3　页面排行的几个例子

PageRank 的应用场景包括：

- Twitter 使用个性化 PageRank 向用户显示他们可能有兴趣成为粉丝的其他账户[1]。该算法在包含共同兴趣和关系连接的图上运行。
- PageRank 已被用于对公共空间或街道进行排名，预测这些区域的交通流量和人类活动[2]。该算法在道路交叉点图上运行，其中 PageRank 分数反映了人们在每条街道上停车或结束行程的概率。
- PageRank 也被用作医疗保健和保险行业的异常和欺诈检测系统的一部分[3]。它有助于揭示以不寻常方式操作的医生或服务提供者，然后将分数提供给机器学习算法进行识别。
- 在自然语言处理中，类 PageRank 的算法可以根据上下文对（多意）词语的实际含义进行识别，或者提取一段文章的中心内容/摘要[4]。

ALGO 包中的 PageRank 支持以下不同类型的计算：

1　P. Gupta et al., IW3C2(2013)."WTF: The Who to Follow Service at Twitter".
2　B. Jiang, S. Zhao, and J. Yin, (2008)"Self-Organized Natural Roads for Predicting Traffic Flow: A Sensitivity Study".
3　David Gleich,　2014. "PageRank Beyond the Web".
4　Shihao Ji, Hyokun Yun, et al., 2015. WordRank: Learning Word Embeddings via Robust Ranking.

- algo.pageRank.stream()：基本的页面排行算法，每个关系的权重是一样的。
- algo.pageRank.stream(label, relationship, {weightProperty: '...'})：带权重的页面排行，weightProperty 是包含权重的关系属性。
- algo.pageRank.stream(label, relationship, {sourceNodes: [node1,...]})：个性化的页面排行，sourceNodes 是一个节点列表，它们拥有更高的访问概率（=0.15），而其他节点初始的概率为 0，所以这些页面排行评分会被加强。

使用 PageRank 算法时需要注意一些事项：

- 如果一组页面中没有到组外部页面的链接，则该组被视为"蜘蛛网陷阱"。
- 当页面网络拥有无限循环时，可能发生排名阻塞。
- 当页面没有到外部页面的链接时会形成死胡同。如果页面指向没有外链接的另一页面，则该链接将称为"悬空链接"（Dangling Link）。

如果在运行页面排行时得到无法理解的结果，可以对网络做些分析，看看是否存在上面提到的注意事项。

12.7.2 过程概述 – algo.pageRank*

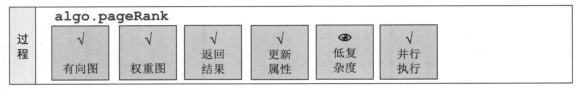

12.7.3 过程调用接口 – algo.pageRank*

```
// 运行页面排行算法，结果写入节点属性
CALL algo.pageRank(
    label, relationship, {config}
)
YIELD nodes, iterations, loadMillis, computeMillis,
    writeMillis, dampingFactor, write, writeProperty

// 运行页面排行算法，返回结果
CALL algo.pageRank.stream(
    label, relationship, {config}
)
YIELD nodeId,score
```

algo.pageRank 过程参数如表 12-7 所示。

表 12-7　algo.pageRank 过程参数

参数名	类型	默认值	可选?	说明
label	字符串	Null	是	可以有多种取值: - null,所有节点 - 标签名
relationship	字符串	Null	是	关系类型名。若为空则表示所有关系类型
config	映射	{}	是	配置选项,参见本表下面各行的说明
write	布尔值	true	是	指定是否应将结果写回关系
writeProperty	字符串	'degree'	是	保存节点度中心性值的节点属性名
weightProperty	字符串	'weight'	是	权重属性名
dampingFactor	浮点数	0.85	是	阻尼系数
graph	'heavy'	Null	是	graph 取值 'heavy' 时,label 中是标签名,relationship 中是关系名;graph 取值 'cypher' 时,label 和 relationship 中分别是节点和关系查询。对于节点和关系各自大于 20 亿时使用 'huge'
concurrency	int	可用的 CPU 内核	是	并发线程数
direction	字符串	'both'	是	关系的方向,可用值(不区分字母大小写): - incoming - outgoing - both
iteration	正整数	1	是	算法执行的迭代次数
sourceNodes	节点数组	Null	是	个性化节点列表。在列表中的节点拥有更高的初始评分

12.7.4　示例 – algo.pageRank*

```cypher
// 12.7(1) 计算节点的页面排行指标
//      - Page 节点、LINKS 关系

CALL algo.pageRank.stream(
    'Page', 'LINKS', {iterations:20, dampingFactor:0.85}
)
YIELD nodeId, score
WITH algo.asNode(nodeId) AS node, score
RETURN node.name, score
ORDER BY score DESC


// 12.7(2) 计算节点的页面排行指标
//      - Page 节点、LINKS 关系
//      - 设置个性化节点
```

```
MATCH (n:Page{name:'About'})
CALL algo.pageRank.stream(
  'Page', 'LINKS',
  {iterations:2, dampingFactor:0.85, sourceNodes:[n]}
)
YIELD nodeId, score
WITH algo.asNode(nodeId) AS node, score
RETURN node.name, score
ORDER BY score DESC
```

12.8 小结

本章涉及的几个概念归纳如表 12-8 所示。

表 12-8　本章涉及的几个概念

名称	衡量重要性的指标	有向图/无向图	支持非连通图?	支持带权重的关系?	应用场景
度中心性	节点的关系数	有向+无向	√	√	根据关系的入度发现热门人物、出度发现合群度
紧密中心性	节点到其他节点的平均最短距离	无向			在公共事业基础设施规划中寻找最优化的位置和路径，以获得最大的使用率
协调中心性	节点到其他节点的平均最短距离（倒数求和）	无向	√		
间接中心性	节点出现在所有最短路径中的次数	有向+无向			在药品研发中通过寻找针对特定疾病的控制基因以缩短周期
特征向量中心性	节点的关系数量和质量	有向+无向			在机器学习中发现最有影响力的特征，以及在自然语言处理中根据词语相关度进行排名
页面排行	节点的关系数量和质量	有向+无向		√	

第 13 章

◄ 相似度算法 ►

相似度是描述两个节点或者更加复杂的结构在何等程度上属于同一类别。

13.1　相似度算法概述

13.1.1　相似度过程

相似度过程如表 13-1 所示。

表 13-1　相似度过程

过程名	调用接口	说明
algo.similarity.cosine	CALL algo.similarity.cosine(　[{item:id, weights:[weights]}], 　{similarityCutoff:-1,degreeCutoff:0}) YIELD p50, p75, p90, p99, p999, p100	计算两个集合的余弦相似度，结果写入节点属性
algo.similarity.cosine.stream	CALL algo.similarity.cosine.stream(　[{item:id, weights:[weights]}], 　{similarityCutoff:-1,degreeCutoff:0}) YIELD item1, item2, count1, count2, intersection, similarity	计算两个集合的余弦相似度，返回结果到客户端
algo.similarity.euclidean	CALL algo.similarity.euclidean(　[{item:id, weights:[weights]}], 　{similarityCutoff:-1,degreeCutoff:0}) YIELD p50, p75, p90, p99, p999, p100	计算两个集合的几何相似度，结果写入节点属性
algo.similarity.euclidean.stream	CALL algo.similarity.euclidean.stream(　[{item:id, weights:[weights]}], 　{similarityCutoff:-1,degreeCutoff:0}) YIELD item1, item2, count1, count2, intersection, similarity	计算两个集合的几何相似度，返回结果到客户端

（续表）

过程名	调用接口	说明

algo.similarity.jaccard	CALL algo.similarity.jaccard(
	  [{item:id, categories:[ids]}],
	    {similarityCutoff:-1,degreeCutoff:0}
	)
	YIELD p50, p75, p90, p99, p999, p100
		计算两个集合的 Jaccard 相似度，结果写入节点属性

algo.similarity.jaccard.stream	CALL algo.similarity.jaccard.stream(
	  [{item:id, categories:[ids]}],
	    {similarityCutoff:-1,degreeCutoff:0}
	)
	YIELD item1, item2, count1, count2,
	intersection, similarity
		计算两个集合的 Jaccard 相似度，返回结果到客户端

algo.similarity.overlap	CALL algo.similarity.overlap(
	  [{item:id, targets:[ids]}],
	    {similarityCutoff:-1,degreeCutoff:0}
	)
	YIELD p50, p75, p90, p99, p999, p100
		计算两个集合的重叠相似度，结果写入节点属性

algo.similarity.overlap.stream	CALL algo.similarity.overlap.stream(
	  [{item:id, targets:[ids]}],
	    {similarityCutoff:-1,degreeCutoff:0}
	)
	YIELD item1, item2, count1, count2,
	intersection, similarity
		计算两个集合的重叠相似度，返回结果到客户端

algo.similarity.pearson	CALL algo.similarity.pearson(
	  [{item:id, weights:[weights]}],
	    {similarityCutoff:-1,degreeCutoff:0}
	)
	YIELD p50, p75, p90, p99, p999, p100
		计算两个集合的 Pearson 相似度，结果写入节点属性

algo.similarity.pearson.stream	CALL algo.similarity.pearson.stream(
	  [{item:id, weights:[weights]}],
	    {similarityCutoff:-1,degreeCutoff:0}
	)
	YIELD item1, item2, count1, count2,
	intersection, similarity
		计算两个集合的 Pearson 相似度，返回结果到客户端

13.1.2　什么是相似度

相似度是指描述两个节点或者更加复杂的结构在何等程度上属于同一类别。

网络相似性度量有 3 种基本方法：

● 结构等价（Structural Equivalence）

● 自同构等价（Automorphic Equivalence）

● 正则等价（Regular Equivalence）

在 3 个等价概念之间存在一个层次结构：任何结构等价也一定是自同构等价和正则等价

的；任何自同构等价也一定是正则等价的。相反，并非所有正则等价都必然是自同构或结构等价的；并非所有自同构等价都必然是结构等价的。

根据上面的定义，结构等价是描述相似度的最强形式。

描述结构等价的程度，经常使用下面的相似度度量：

- Jaccard 相似度，以其发明人命名，基于两个集合的重叠程度。
- 重叠相似度，也是基于两个集合的重叠程度，但是计算方法不同。
- 余弦相似度，基于 N-维空间中两个 N-维向量之间的余弦夹角。
- 欧几里德/几何相似度，基于 N-维空间中两个点之间的距离。

13.2　Jaccard 相似度

13.2.1　概述

Jaccard 相似度，以其发明人命名，基于两个集合的重叠程度来定义相似度。简单地说，就是两个集合中相似的元素数占（不重复的）元素总数的比例：

$$J(A,B) = \frac{|A \cap B|}{|A \cup B|}$$

在下面的例子中，集合 A 和 B 中都有的角色是功夫熊猫和猴子，两个集合中不重复的角色总数是 7（见图 13-1），于是 J(A,B) = 2/7。

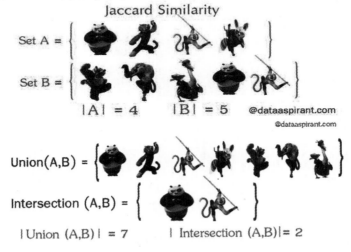

图 13-1　Jaccard 相似度的计算

那么，可以用哪些方法来定义集合以及其中的元素呢：

- 节点特征：拥有的标签，拥有的属性，属性的值。

- 关系特征：关系的类型，关系的属性，属性的值。
- 结构：节点的 k-度邻居（k≥1），相同的入度和出度，拥有的关系类型和属性。
- 指定距离内（最短路径）能够到达的其他节点。

ALGO 扩展包中实现的 Jaccard 相似度的计算过程有几种形式：

- 返回一对数组/向量之间的相似度（函数）：

```
algo.similarity.jaccard(p1, p2, {config})
```

- 返回一个向量和其他向量之间的相似度（函数）：

```
algo.similarity.jaccard(p1, p2, {config})
```

- 所有可能向量对之间，以过程形式执行：

```
algo.similarity.jaccard.stream(data, {config})
```

其中 data 的内容是：

```
{item:nodeId, categories: [nodeId, nodeId,nodeId]}
```

13.2.2　函数/过程概述 – algo.similarity.jaccard*

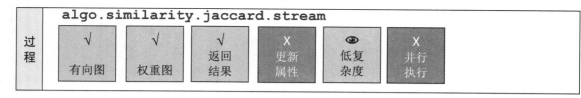

13.2.3　调用接口 – algo.similarity.jaccard

接口	// 函数：计算两个向量之间的相似度，返回结果 **RETURN algo.similarity.jaccard (** 　　vector1, vector2)

```
// 计算两个向量之间的相似度，结果写入属性
CALL algo.similarity.jaccard (
    data, {config}
)
YIELD nodes, similarityPairs, write, writeRelationshipType,
    writeProperty, min, max, mean, stdDev, p25, p50, p75,
    p90, p95, p99, p999, p100

//计算两个向量之间的相似度，返回结果
CALL algo.similarity.jaccard.stream(
    data, {config}
)
YIELD item1, item2, count1, count2, intersection, similarity
```

algo.similarity.jaccard 过程参数如表 13-2 所示。

表 13-2　algo.similarity.jaccard 过程参数

参数名	类型	默认值	可选?	说明
vector1	数组	Null	是	包含多个项的向量 1
vector2	字符串	Null	是	包含多个项的向量 2
data（仅在不指定 vector1 和 vector2 的情况下使用）	映射	{}	是	待比较的向量集合，其中每个项的格式如下： { item: nodeId, 　categories: [nodeId,…] }
config	映射	{}	是	配置选项，参见本表下面各行的说明
top	整数	0	是	返回的类似对的数量。如果是 0，它将返回尽可能多的数量
topK	整数	0	是	每个节点返回的类似值的数量。如果是 0，它将返回尽可能多的数量
similarityCutoff	int	-1	是	Jaccard 相似度的阈值。小于该值的结果不被返回
degreeCutoff	int	0	是	目标（targetIds）列表的最小元素数。小于该值则目标列表不会被计算
write	boolean	false	是	是否保存结果到节点属性
writeBatchSize	int	10000	是	保存结果到节点属性时的事务大小
writeRelationshipType	string	'SIMILAR'	是	如果保存结果，那么这个参数指定关系类型名
writeProperty	string	'score'	是	如果保存结果，那么这个参数指定节点属性名
sourceIds	long[]	null	是	源节点的数据库 id 集合
targetIds	long[]	null	是	目标节点的数据库 id 集合。相似度是计算源节点和目标节点之间的相似度

13.2.4　示例 – algo.similarity.jaccard*

```cypher
// 13.2(1) 计算两个向量的 Jaccard 相似度
//    - 使用 ALGO 过程

RETURN algo.similarity.jaccard([1,2,3], [1,2,4,5])
AS similarity

// 13.2(2) 计算页面 Site A 与其他节点的 Jaccard 相似度，并返回最终结果
//    - 使用 ALGO 过程
/    - 基于直接邻居

MATCH (p1:Page {name: 'Site A'}) -[:LINKS]- (p01)
WITH p1, collect(id(p01)) AS p1s
MATCH (p2:Page) -[:LINKS]- (p02) WHERE p1 <> p2
WITH p1, p1s, p2, collect(id(p02)) AS p2s
RETURN p1.name AS from,
       p2.name AS to,
       algo.similarity.jaccard(p1s, p2s) AS similarity
ORDER BY similarity DESC
```

```cypher
// 13.2(3) 计算所有页面节点的 Jaccard 相似度，并返回最终结果
//    - 使用 ALGO 过程
//    - 基于直接邻居

MATCH (p1:Page)-[:LINKS]-(p2)
WITH {item:id(p1), categories: collect(id(p2))} as userData
WITH collect(userData) as data
CALL algo.similarity.jaccard.stream(data)
YIELD item1, item2, count1, count2, intersection, similarity
RETURN algo.asNode(item1).name AS from,
       algo.asNode(item2).name AS to,
       intersection, similarity
ORDER BY similarity DESC
```

13.3 　重叠相似度

13.3.1　概述

重叠相似度与 Jaccard 相似度类似，都是基于两个集合的重叠程度来定义相似度。所不同的是计算比例时使用的分母：Jaccard 相似度使用两个集合中（不重复的）元素总数，而重叠相似度则取较小的那个集合的元素数：

$$O(A,B) = \frac{|A \cap B|}{\min(|A|,|B|)}$$

对于图 13-1 中的例子，使用重叠相似度，其结果就是 2/4 = 0.5。

重叠相似度的过程和函数是 algo.similarity.overlap，其接口参数和使用方法与 Jaccard 相似度基本一样，这里就不再赘述。

13.3.2　函数/过程概述 – algo.similarity.overlap*

13.3.3　调用接口 – algo.similarity.overlap

```
// 函数：计算两个向量之间的重叠相似度，返回结果
RETURN algo.similarity.overlap (
    vector1, vector2
)

// 计算两个向量之间的重叠相似度，结果写入属性
CALL algo.similarity.overlap (
    data, {config}
)
YIELD nodes, similarityPairs, write, writeRelationshipType,
    writeProperty, min, max, mean, stdDev, p25, p50, p75,
    p90, p95, p99, p999, p100

//计算两个向量之间的重叠相似度，返回结果
CALL algo.similarity.overlap.stream(
    data, {config}
)
YIELD item1, item2, count1, count2, intersection, similarity
```

13.4　余弦相似度

13.4.1　概述

余弦相似度（Cosine Similarity）是内积空间的两个非零向量之间的相似性的度量，以角度的余弦计算。0° 的余弦是 1，表示两个向量完全一样（没有夹角）；90° 的余弦是 0；180° 的余弦是-1，表示完全不一样（反方向夹角）。计算公式如下：

$$similarity(A,B) = \frac{A \cdot B}{\|A\| \times \|B\|} = \frac{\sum_{i=1}^{n} A_i \times B_i}{\sqrt{\sum_{i=1}^{n} A_i^2} \times \sqrt{\sum_{i=1}^{n} B_i^2}}$$

在上式中，A 和 B 同是维度为 n 的向量。

余弦相似度适用于任何数量的维度，因此最常用于高维度正空间，如图 13-2 所示。例如，在信息检索和文本挖掘中，每个术语根据其相关概念被分配不同的维度，整篇文档由向量表征，其中每个维度中的值对应于该术语在文档中出现的次数。

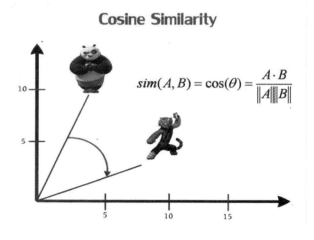

图 13-2　余弦相似度（图片来源：http://dataaspirant.com）

以夹角的余弦衡量两个向量的相似度，夹角越小向量越相似，余弦值也越大；反之，夹角越大向量差异越大，余弦值也越小。

> **重要技巧**　计算余弦相似度要求两个向量的维度必须一致。另外，向量中不能有 NULL 值。向量中元素的顺序对相似度计算的结果会产生影响，这和 Jaccard 与重叠相似度不同，后者基于集合，因此集合中的项的顺序与相似度计算结果是无关的。

13.4.2　函数/过程概述 – algo.similarity.cosine*

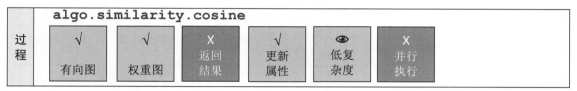

13.4.3　调用接口 – algo.similarity.cosine

```
// 计算两个向量之间的余弦相似度，返回结果
RETURN algo.similarity.cosine (
    vector1, vector2
)

// 计算两个向量之间的相似度，结果写入属性
CALL algo.similarity.cosine (
    data, {config}
)
YIELD nodes, similarityPairs, write, writeRelationshipType,
    writeProperty, min, max, mean, stdDev, p25, p50, p75,
    p90, p95, p99, p999, p100

//计算两个向量之间的相似度，返回结果
CALL algo.similarity.cosine.stream(
    data, {config}
)
YIELD item1, item2, count1, count2, similarity
```

algo.similarity.cosine 过程参数如表 13-3 所示。

表 13-3　algo.similarity.cosine 过程参数

参数名	类型	默认值	可选？	说明
vector1	数组	Null	是	包含多个项的向量 1
vector2	字符串	Null	是	包含多个项的向量 2

（续表）

参数名	类型	默认值	可选？	说明
Data	映射	{}	是	待比较的向量集合，其中每个项的格式如下： { item: nodeId, 　categories: [nodeId,…] }
config	映射	{}	是	配置选项，参见本表下面各行的说明
Top	整数	0	是	返回的类似对的数量。如果是 0，它将返回尽可能多的数量
topK	整数	0	是	每个节点返回的类似值的数量。如果是 0，它将返回尽可能多的数量
similarityCutoff	int	-1	是	Jaccard 相似度的阈值。小于该值的结果不被返回
degreeCutoff	int	0	是	目标（targetIds）列表的最小元素数。小于该值则目标列表不会被计算
skipValue	双精度	algo.NaN()	是	执行相似度计算时要跳过的值。值 null 表示禁用跳过
write	boolean	false	是	是否保存结果到节点属性
writeBatchSize	int	10000	是	保存结果到节点属性时的事务大小
writeRelationshipType	string	SIMILAR	是	如果保存结果，那么这个参数指定关系类型名
writeProperty	string	score	是	如果保存结果，那么这个参数指定节点属性名
sourceIds	long[]	null	是	源节点的数据库 id 集合
targetIds	long[]	null	是	目标节点的数据库 id 集合。相似度是计算源节点和目标节点之间的相似性

13.4.4　示例 – algo.similarity.cosine*

```
// 13.4(1) 计算余弦相似度，并返回最终结果
//    – 使用 ALGO 过程

RETURN algo.similarity.cosine([1,2,1,5], [1,2,4,5])
AS similarity

// 13.4(2) 为了根据节点的直接邻居计算节点对的余弦相似度，
//         需要对节点–关系–路径进行转换，即转换成维度更低的向量。
//         我们在介绍欧几里德相似度的时候再进行详细解释。
```

13.5 欧几里德相似度

13.5.1 概述

欧几里德距离是距离最常见的定义，它也称为简单距离。当数据密集或连续时，这是最佳的相似性的度量。

两点之间的欧几里德距离是连接它们的路径的长度。按照毕达哥拉斯定理，计算两点之间的距离，公式如下（见图 13-3）。

$$d(\mathbf{p},\mathbf{q}) = \sqrt{(p_1 - q_1)^2 + (p_2 - q_2)^2 + \cdots + (p_i - q_i)^2 + \cdots + (p_n - q_n)^2}.$$

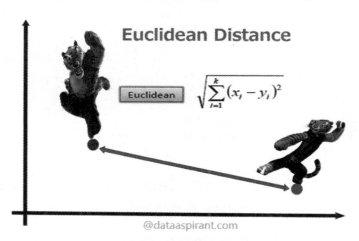

图 13-3　欧几里德距离

以欧几里德距离衡量两个向量的相似程度，距离越近、向量越相似；距离越远，向量越差异。

13.5.2 函数/过程概述 – algo.similarity.euclideanDistance*

	algo.similarity.euclideanDistance					
函数	√ 有向图	√ 权重图	√ 返回结果	X 更新属性	👁 低复杂度	X 并行执行

	algo.similarity.euclideanDistance					
过程	√ 有向图	√ 权重图	X 返回结果	√ 更新属性	👁 低复杂度	X 并行执行

13.5.3 调用接口 – algo.similarity.euclideanDistance*

```
// 计算两个向量之间的几何相似度，返回结果
RETURN algo.similarity.euclideanDistance (
    vector1, vector2
)

// 计算两个向量之间的几何相似度，结果写入属性
CALL algo.similarity.euclideanDistance (
    data, {config}
)
YIELD nodes, similarityPairs, write, writeRelationshipType,
    writeProperty, min, max, mean, stdDev, p25, p50, p75,
    p90, p95, p99, p999, p100

//计算两个向量之间的几何相似度，返回结果
CALL algo.similarity.euclideanDistance.stream(
    data, {config}
)
YIELD item1, item2, count1, count2, similarity
```

algo.similarity.euclideanDistance*程参数如表 13-4 所示。

表 13-4　algo.similarity.euclideanDistance 过程参数

参数名	类型	默认值	可选？	说明
vector1	数组	Null	是	包含多个项的向量 1
Vector2	字符串	Null	是	包含多个项的向量 2
Data	MAP	{}	是	待比较的向量集合，其中每个项的格式如下： { item: nodeId, 　　categories: [nodeId,…] }
config	MAP	{}	是	配置选项，参见本表下面各行的说明
Top	整数	0	是	返回的类似对的数量。如果是 0，它将返回尽可能多的数量
topK	整数	0	是	每个节点返回的类似值的数量。如果是 0，它将返回尽可能多的数量
similarityCutoff	int	-1	是	Jaccard 相似度的阈值。小于该值的结果不被返回
degreeCutoff	int	0	是	目标（targetIds）列表的最小元素数。小于该值则目标列表不会被计算

（续表）

参数名	类型	默认值	可选?	说明
skipValue	双精度	algo.NaN()	是	执行相似度计算时要跳过的值。值 null 表示禁用跳过
write	boolean	false	是	是否保存结果到节点属性
writeBatchSize	int	10000	是	保存结果到节点属性时的事务大小
writeRelationshipType	string	SIMILAR	是	如果保存结果，那么这个参数指定关系类型名
writeProperty	string	score	是	如果保存结果，那么这个参数指定节点属性名
sourceIds	long[]	null	是	源节点的数据库 id 集合
targetIds	long[]	null	是	目标节点的数据库 id 集合。相似度是计算源节点和目标节点之间的相似度

13.5.4　示例 – algo.similarity.euclideanDistance *

```
// 13.5(1) 计算欧几里德相似度，并返回最终结果
//      – 使用 ALGO 过程
//      – 与余弦相似度相比较

RETURN algo.similarity.euclideanDistance([1,2,3,5], [1,2,3,5]) AS
similarity
```

```
// 13.5(2) 根据节点的直接邻居，计算其连接度向量(one-hot 方法)
//          计算结果保存在节点的 embedding 属性中。

// i. 返回所有节点，并按照其 id 排序
MATCH (p:Page)
WITH id(p) AS pid ORDER BY id(p) ASC
// ii. 将所有节点放入一个列表，然后得到所有可能的配对
WITH collect(pid) AS pids
UNWIND pids AS p1
UNWIND pids AS p2
WITH p1,p2
// iii. 计算每个节点的向量 [1,0,2,...],
//      向量的维度是节点总数，项是关系总数
MATCH (n1), (n2)
WHERE id(n1) = p1 AND id(n2) = p2
OPTIONAL MATCH (n1) -[l:LINKS]- (n2)
WITH n1,n2, sum(CASE WHEN n1 = n2 THEN 1
                WHEN l IS NULL THEN 0
                ELSE 1 END) AS f
// iv. 保存向量到节点的 embedding 属性
WITH n1, collect(f) AS embedding
    SET n1.embedding = embedding
RETURN n1.name, n1.embedding
```

267

查询 13.5(2)，我们对节点及其直接邻居基于 one-hot[1]方法进行了"向量化"。下面以一个简单的图为例说明该过程（见图 13-4）。

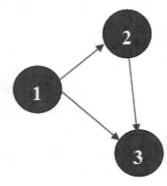

图中所有节点标签一样，用[0,1,2]代表每个节点。节点之间有以下有向关系：1->2，2->3，1->3。

如果我们用一个3维数组存放每个节点到其他节点的边，其中每个项取值1或0，判断规则如下：

1．如果当前项对应的是当前节点，值为1（节点有指向自己的边）；

2．如果当前项对应的节点和当前节点之间有一条进入的边，值为1；否则为0。

对于这个图，可以得到下面的向量集合：

节点1：[1,1,1]，节点2：[0,1,1]，节点3：[0,0,1]

图 13-4　一个简单图的嵌入过程（即向量化过程）

在人工智能和机器学习中，将一个复杂的结构（节点及其邻居）映射到一个多维空间中的特征向量[2]（Feature Vector）的过程称为"嵌入"（Embedding）[3]。

在得到了代表所有节点的向量后，由于向量的维度是图中所有节点的数量，因此每个节点的向量都具有相同的维度，我们可以应用余弦和几何相似度算法。

```
// 13.5(3) 根据节点的连接度向量计算余弦和几何相似度，并输出结果。
//    - 使用 ALGO

// 返回所有节点，并按照其 id 排序
MATCH (p:Page)
WITH id(p) AS pid ORDER BY id(p) ASC
// 将所有节点放入一个列表，然后得到所有可能的配对
WITH collect(pid) AS pids
UNWIND pids AS p1
UNWIND pids AS p2
WITH p1,p2 WHERE p1 < p2
MATCH (n1),(n2)
WHERE id(n1) = p1 AND id(n2) = p2
RETURN n1.name
     , n2.name
     , algo.similarity.euclideanDistance(
         n1.embedding, n2.embedding) AS euSimilarity
     , algo.similarity.cosine(
         n1.embedding, n2.embedding) AS cosSimilarity
ORDER BY euSimilarity DESC, cosSimilarity ASC
```

1　Harris, David and Harris, Sarah (2012-08-07). Digital design and computer architecture (2nd ed.). San Francisco, Calif.: Morgan Kaufmann. p. 129. ISBN 978-0-12-394424-5.
2　https://en.wikipedia.org/wiki/Feature_(machine_learning)
3　Cohen, Robert F.; Eades, Peter; Lin, Tao; Ruskey, Frank (1995), "Three-dimensional graph drawing", in Tamassia, Roberto; Tollis, Ioannis G. (eds.), Graph Drawing: DIMACS International Workshop, GD '94 Princeton, New Jersey, USA, October 10–12, 1994, Proceedings, Lecture Notes in Computer Science, 894, Springer, pp. 1–11.

第四部分
Neo4j数据库扩展开发指南

第 14 章

◄ 数据库扩展开发 ►

数据库扩展是指用 Java 开发并部署在 Neo4j 数据库服务器上的过程或者函数。这些过程和函数可以在 Cypher 中被调用。

14.1　数据库扩展开发概述

本书前面的章节介绍了 Neo4j 数据库扩展包 ALGO 和 APOC 中的主要过程和函数。这些方法和函数都是基于 Neo4j 数据库扩展开发框架并使用 Java 实现的程序。Neo4j 提供了以下方法来扩展其标准功能：

（1）过程和函数扩展 Cypher 查询语言的功能（参见本章第 3~6 节）。
（2）细粒度 Neo4j 数据库访问控制（参见本章第 7 节）。
（3）创建新的 HTTP API[1]（本书不做介绍）。

用户定义的扩展过程和函数是通过编写 Java 代码来扩展 Neo4j 的机制，过程和函数可以直接从 Cypher 调用。这是扩展 Neo4j 的首选方法。过程和函数的应用场景包括：

● 扩展 Cypher 的功能。
● 提供对第三方系统的访问。
● 执行图的全局操作，例如计算连通子图或查找繁忙节点。
● 实现难以用 Cypher 声明性语言表达的过程和操作。

过程和函数用 Java 编写并编译成 jar 文件。通过将该 jar 文件放入每个独立服务器或群集服务器上的 plugins 目录中实现数据库部署。必须在每台服务器上重新启动数据库以加载更新新的过程和功能。

过程和函数有三种类型，如表 14-1 所示。

表 14-1　过程和函数的三种类型

类型	描述	句法	读/写	基数
过程	对每行结果，调用一次过程，传递参数并返回多个结果（流）	`CALL` `abc(...)`	读/写	与 `MATCH` 子句类似，基数可以是 0, 1 或多个
函数	对每行结果，调用一次函数，传递参数并返回单个结果	`abc(...)`	只读	保持基数，一对一

---

[1] https://neo4j.com/docs/http-api/3.5/introduction/

类型	描述	句法	读/写	基数
聚合 / 汇总函数	对多行结果进行汇总，调用一次函数并返回汇总结果	`WITH abc(...)`	只读	降低基数，多对一

编写扩展需要熟悉 Java 编程语言，JVM 开发和运行环境以编译程序代码。

作为开发服务器端扩展的最佳实践和一般准则，下面是在编写代码时需要注意的几个方面[1]：

● 不要创建或保留过多的内存对象。大规模的对象缓存会增加垃圾收集（GC）过程的负担。

● 避免使用 Neo4j 内部 API，因为它们仅供 Neo4j 内部使用，当发生更改时不会提前通知，这可能会破坏或更改代码的行为和功能。

● 如果可能，请避免在代码中或使用的任何运行时刻在依赖项中使用 Java 对象序列化（Object Serialization）或反射（Reflection）。如果无法避免使用 Java 对象序列化和反射，请确保在 neo4j.conf 中将-XX:+TrustFinalNonStaticFields JVM 标志禁用（设为 false）。

14.2 关于安全性

由于数据库扩展程序是作为数据库服务的一部分加载和运行的，需要谨慎定义其安全性设置，以保证其运行不会对数据库正常运行造成负面的影响。安全性可以有两种方式管理：沙箱和白名单。

14.2.1 沙箱

Neo4j 提供沙箱（Sandbox）以确保程序不会无意中使用不安全的 API。例如，在编写自定义代码时，可以访问非公开的 Neo4j API，这些内部 API 今后可能会发生变化，而且不会另行通知。此外，它们的使用伴随着执行不安全行为的风险。沙盒功能限制了数据库扩展只能使用公开支持的 API，这些 API 专门包含了安全操作或相应的安全检查。

在 neo4j.conf 配置文件中设置 dbms.security.procedures.unrestricted 可以允许用户定义扩展过程和函数而绕过沙盒限制来完全访问数据库。它的值是以逗号分隔的过程列表或函数。该列表可以包含完全限定的过程名称，或者带有通配符*的部分名称。

```
neo4j.conf   # 允许用户自定义扩展来绕开沙箱限制
             dbms.security.procedures.unrestricted=myextetion.*
```

如果没有设置 dbms.security.procedures.unrestricted，任何尝试加载包含非公开 API 的扩展

---

[1] https://neo4j.com/docs/java-reference/3.5/extending-neo4j/introduction/

都将失败，并在调试日志中出现警告。警告会指出扩展程序无权访问它尝试加载的组件。此外，对过程或函数的调用将导致错误，原因是由于需要更多权限而无法加载过程和函数。

14.2.2　白名单

白名单用于允许从较大的库加载少量扩展内容。这个也是在 neo4j.conf 中设置。将要加载的过程列表以逗号分隔，以作为 dbms.security.procedures.whitelist 的值即可。该列表可以包含完全限定的过程名称，或包含通配符*的部分名称。

neo4j.conf	# 定义加载的过程白名单
	dbms.security.procedures.whitelist=apoc.load.*,apoc.import.*

在使用白名单时有几点需要注意：

（1）如果使用此设置，则不会加载除列出的扩展名以外的扩展过程。特别是，如果将其设置为空字符串，则不会加载任何扩展名。

（2）设置的默认值是*，表示加载 plugins 目录中的所有库。

（3）如果此参数引用的扩展过程和函数使用了内部 API，则还必须同时在相关安全性设置 dbms.security.procedures.unrestricted 中设置好允许使用，请参见本节关于"沙箱"的描述。

14.3　创建数据库扩展项目

在本章中，我们用 IntelliJ IDEA Java 开发环境为例，来创建一个数据库扩展样例项目。IntelliJ IDEA（又称为 IDEA），是 Java 编程语言开发的集成环境（IDE）。IntelliJ 在业界被公认为是最好的 Java 开发工具之一，尤其是智能代码助手、代码自动提示、重构、J2EE 支持、各类版本工具（Git、SVN 等）、JUnit、CVS 整合、代码分析、创新的 GUI 设计等方面的功能可以说是非常优秀的。

IDEA 是 JetBrains 公司的产品，这家公司总部位于捷克共和国的首都布拉格，开发人员以严谨著称的东欧程序员为主。它的商业化旗舰版本还支持 HTML、CSS、PHP、MySQL、Python 等。免费版只支持 Java、Python 等少数语言。

IntelliJ IDEA 可以从 https://www.jetbrains.com/idea/网站免费下载社区版，当前最新的版本是 2019.2。

下面的内容以运行在 Windows 10 专业版的 IntelliJ IDEA Community 2017.3 版本为例。

下面的内容也假设读者已经有相当的 Java 开发经验，对 Java 的主要概念和开发方法有一定的了解。

14.3.1　创建新项目

启动 IntelliJ IDEA Java 集成开发环境软件，选择"Create New Project"（创建新项目），如图 14-1 所示。

图 14-1　创建新项目

　　从类型列表中选择 Maven。如果该选项不在列表中，请安装 maven plugin（插件），然后重新启动 IntelliJ。确定 Project SDK 选择的是 Java 1.8 版本。单击 Next 按钮进入下一步，如图 14-2 所示。

图 14-2　选择项目类型

在项目名称对话框中输入 com.mygroup 作为 GroupId，procedures 作为 ArtifactId，如图 14-3 所示。单击 Next 按钮进入下一步。

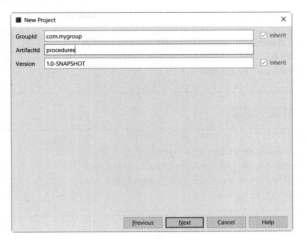

图 14-3　输入项目名称

指定项目的存放目录，单击 Finish 按钮完成，如图 14-4 所示。这时 IntelliJ 会初始化项目，并打开项目的 maven 文件编辑器。

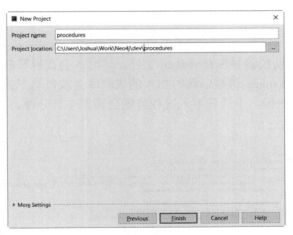

图 14-4　指定新项目路径

14.3.2　指定项目信息

我们需要在 maven 项目文件（pom.xml）中添加一些内容：

（1）项目属性

```
<properties>
  <neo4j.version>3.5.5</neo4j.version>
  <neo4j.driver.version>1.7.2</neo4j.driver.version>
  <project.build.sourceEncoding>UTF-8</project.build.sourceEncoding>
</properties>
```

（2）项目依赖——API 版本

```xml
<dependencies>
  <dependency>
      <groupId>org.neo4j</groupId>
      <artifactId>neo4j</artifactId>
      <version>${neo4j.version}</version>
      <scope>provided</scope>
  </dependency>
```

（3）项目依赖——测试工具类

```xml
<dependency>
    <groupId>org.neo4j.test</groupId>
    <artifactId>neo4j-harness</artifactId>
    <version>${neo4j.version}</version>
    <scope>test</scope>
</dependency>
```

（4）项目依赖 – Junit

```xml
<dependency>
    <groupId>junit</groupId>
    <artifactId>junit</artifactId>
    <version>4.12</version>
    <scope>test</scope>
</dependency>
</dependencies>
```

完成后 IntelliJ 会自动校验并保存 maven 文件。这时，会在屏幕右下角提示需要导入更新的内容。单击 Import Changes 链接，这时加入的依赖库会被自动下载并保存在项目中，如图 14-5 所示。根据网速的快慢，下载和导入过程可能会需要十几分钟。

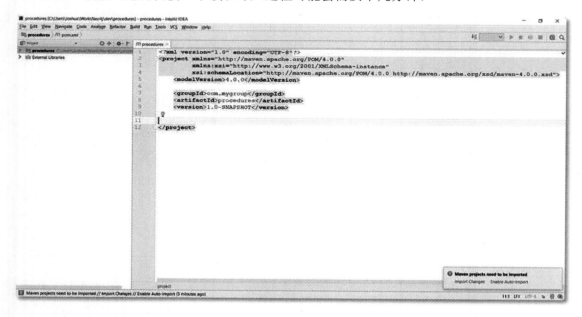

图 14-5　导入项目依赖资源

14.3.3　创建程序包和过程类

展开屏幕左边的项目资源树并导航到 java，选择创建新的程序包（Package），如图 14-6 所示。

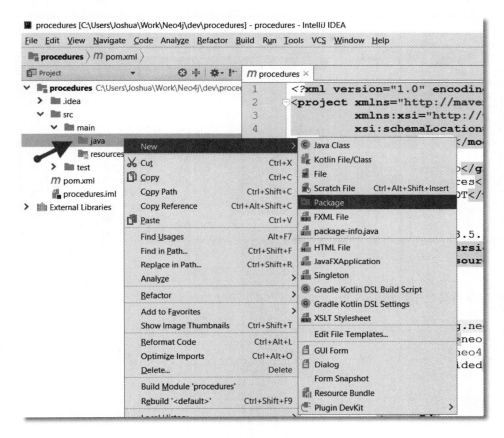

图 14-6　创建新包

在弹出的对话框中输入包名称，如图 14-7 所示。

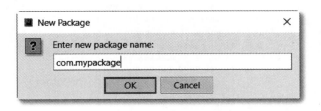

图 14-7　指定新包的名称

在屏幕左边的项目资源树中，导航到新创建的程序包，选择创建新的 Java 类，如图 14-8 所示。

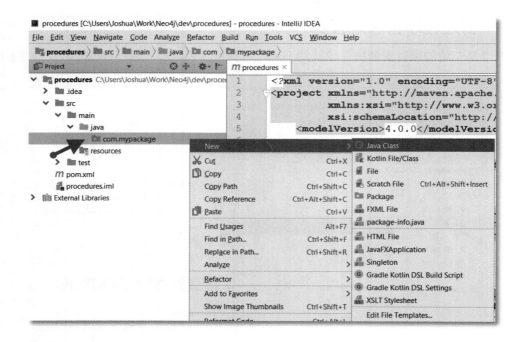

图 14-8　在包中创建新类

我们命名第一个扩展类为 Procedures，如图 14-9 所示。

图 14-9　指定新类的名称

单击 OK 按钮。完成后，应该能看到如图 14-10 所示的屏幕。

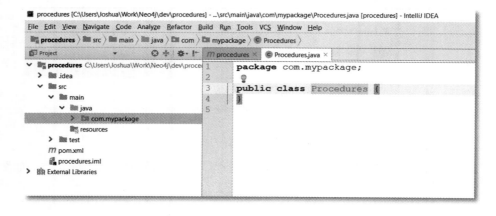

图 14-10　完成新类的创建

到了这一步，恭喜你！你已经成功创建了一个数据库扩展项目的框架，并且可以开始编写所需的程序代码了。

14.4 创建数据库扩展过程

14.4.1 第一个过程 – hello

在 Procedures.java 类中增加下面的行：

```java
package com.mypackage;

import org.neo4j.graphdb.GraphDatabaseService;
import org.neo4j.logging.Log;
import org.neo4j.procedure.*;

public class Procedures {

    // 下面的行声明需要包括 GraphDatabaseService 类
    // 作为项目运行的环境(context)。
    @Context
    public GraphDatabaseService db;

    // 获得日志操作类的实例。
    // 标准日志通常是'data/log/neo4j.log'。
    @Context
    public Log log;

}
```

按照 14.3.3 节中描述的过程，在 com.mypackage 下增加一个新的包 results，如图 14-11 所示。

图 14-11　再创建一个新包 results

并在 results 中增加新类 StringResult，如图 14-12 所示。

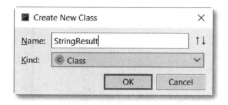

图 14-12   在 results 包中创建新类

下面是 StringResult 类的定义：

```java
package com.mypackage.results;

public class StringResult {
    public final static StringResult EMPTY = new StringResult(null);
    public final String value;

    public StringResult(String value) {
        this.value = value;
    }
}
```

回到 Procedures.java 中，我们来创建第一个扩展过程 hello，这个过程只有一个参数 name，返回结果是 StringResult 类型（记得加上 import StringResult）。该过程读取参数 name 的内容，然后返回"Hello, <name>!"（<name>代表 name 的实际内容）。

```java
@Procedure(name = "com.mypackage.hello", mode = Mode.READ)
@Description("CALL com.mypackage.hello(String name)")
public Stream<StringResult> hello(@Name("name") String name) {
    return Stream.of(new StringResult("Hello, " + name + "!"));
}
```

这时，我们会注意到在 Stream 类型上的编译错误，如图 14-13 所示。

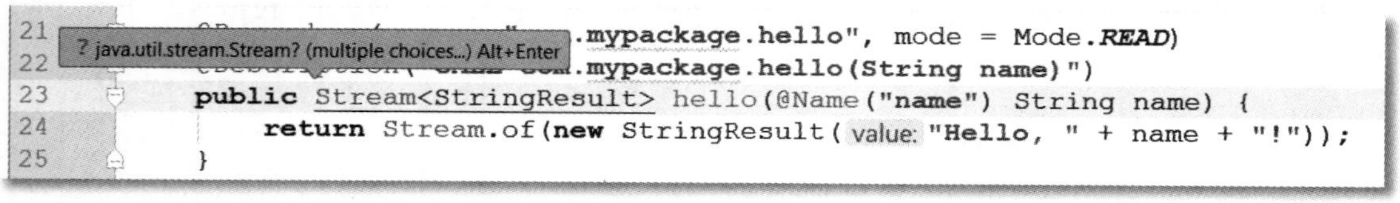

```
21      @Procedure(             .mypackage.hello", mode = Mode.READ)
    ? java.util.stream.Stream? (multiple choices...) Alt+Enter
22                               .mypackage.hello(String name)")
23      public Stream<StringResult> hello(@Name("name") String name) {
24          return Stream.of(new StringResult( value: "Hello, " + name + "!"));
25      }
```

图 14-13   动态类型错误

为了解决这里的错误，需要进行以下两步操作。

（1）修改 maven 中的编译级别。在 pom.xml 中增加下面的行，修改后需要导入更新的内容。

```xml
<build>
    <plugins>
        <plugin>
            <groupId>org.apache.maven.plugins</groupId>
```

```
            <artifactId>maven-compiler-plugin</artifactId>
            <configuration>
                <source>8</source>
                <target>8</target>
            </configuration>
        </plugin>
    </plugins>
</build>
```

（2）回到 Procedures.java 中，为 Stream 选择解析的类名（按 Alt+Enter 组合键），如图 14-14 所示。

图 14-14　选择正确的类名

最后，还要增加一个 SHADE 插件，这样扩展过程在复制到 Neo4j 的 plugins 目录下以后可以在 Cypher 中被调用。回到 pom.xml 中，在/<build>/<plugins>下插入下面的内容（仍然记得要随后导入更新的内容）：

```
<plugin>
    <artifactId>maven-shade-plugin</artifactId>
    <version>3.2.1</version>
    <executions>
        <execution>
            <phase>package</phase>
            <goals>
                <goal>shade</goal>
            </goals>
        </execution>
    </executions>
</plugin>
```

14.4.2　编译和打包 – hello

在完成了代码并解决了所有编译问题之后，就可以打包扩展过程了。从主菜单依次选择菜单选项 View → Tool Windows → Maven Projects 以打开 Maven Projects 窗口，然后双击 package 项目，如图 14-15 所示。

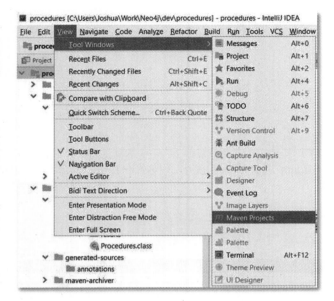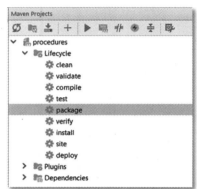

图 14-15　生成编译后的扩展包

等待打包过程的完成。在底部的状态输出窗口中可以看到[INFO] BUILD SUCCESS、Process finished with exit code 0 等字样。在状态输出窗口中可以查看打包的过程，会看到如图 14-16 所示的警告。

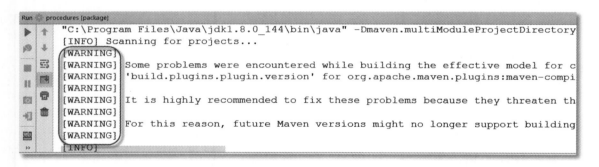

图 14-16　在状态输出窗口中查看警告信息

可以通过给编译器增加一个版本号来清除这些警告信息。回到 pom.xml 文件，然后增加下面背景为灰色的行：

```
    <plugin>
<groupId>org.apache.maven.plugins</groupId>
<artifactId>maven-compiler-plugin</artifactId>
<version>3.8.0</version>
<configuration>
    <source>8</source>
    <target>8</target>
</configuration>
</plugin>
```

再次双击 package 图标执行打包过程。

14.4.3　部署和测试 – hello

在项目根目录的 target 文件夹下，能够看到我们刚创建的扩展包 procedures-1.0-SNAPSHOT.jar。将这个文件复制到 Neo4j 安装目录下的 plugins 文件夹，重启 Neo4j 数据库服务器，在浏览器中打开 Neo4j Browser 并输入 http://localhost:7474，就可以开始测试我们第一个扩展过程，如图 14-17 所示。

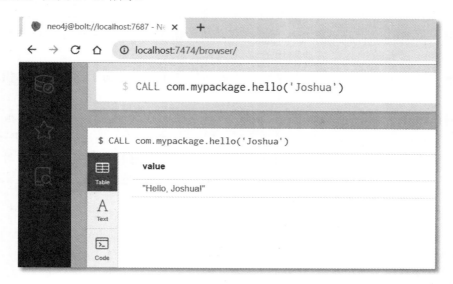

图 14-17　测试发布的扩展包

```
// 14.4(1) 调用扩展过程

CALL com.mypackage.hello('Joshua')
```

窗口中显示"Hello, Joshua!"，这正是我们期待的完美结果！

因为 hello()过程没有使用任何 Neo4j 的 API，所以不需要在 neo4j.conf 配置文件中设置任何关于安全性的声明（参见 14.2 节）。

14.4.4　小结

虽然上面的例子很简单，但是它基本展示了开发数据库扩展的主要步骤和使用的框架，并且可以真实地在 Cypher 中被调用和执行。更多、更完整地示例可在 Neo4j 过程模板库[1]中找到。

在开发过程中，下面是一些需要特别注意的事项：

（1）所有过程都需要注释@Procedure。

---

[1] https://github.com/neo4j-examples/neo4j-procedure-template

（2）过程注释可以有三个可选参数 name，mode 和 eager，说明如下：

- name 用于为过程指定名称，并与生成的默认名称不同，默认名称是 class.path.nameOfMethod。如果指定了 mode，那么也必须指定 name 参数。
- mode 用于声明过程将执行的交互类型。默认的 mode 是 READ。可以使用以下模式：
  - READ：此过程仅对图执行读取操作。
  - WRITE：此过程将对图执行读写操作。
  - SCHEMA：此过程将对数据库模式执行操作，即创建和删除索引与约束。使用此模式的过程能够读取图数据，但不能写入。
  - DBMS：此过程将执行系统操作，如用户管理和查询管理。使用此模式的过程无法读取或写入图数据库。
  - eager：是一个默认值为 false 的布尔值类型参数。如果设置为 true，那么 Cypher 查询规划器将在调用该过程之前包含额外的 eager 操作（即一次性读取所有结果）。如果过程在更新数据库之前与其他的查询有交互操作时，这种额外的 eager 操作会非常有用。例如有一个过程 deleteNeighbours()用来删除节点的邻居，对下面的 Cypher 操作：

```
// 扩展过程：删除邻居节点
MATCH (n)
WHERE n.key = 'value'
WITH n
CALL deleteNeighbours(n, 'FOLLOWS')
```

在过程的执行中一些节点由于是之前节点的邻居而会被删除，当执行到 MATCH 时，由于 n.key 不再存在，因而可能导致查找失败。如果将此过程标记为 eager，则可防止这样的错误，因为查询会先返回所有匹配的节点后再调用过程。不过，该过程仍然可能通过尝试读取先前已删除的实体而产生错误，这时过程本身需要处理这样的情况。

（3）过程的上下文使用注释@Context，它声明过程需要使用的每个资源。

重要技巧　在过程中产生错误信息的正确方法是抛出 RuntimeException 异常。

在编写过程时，可以从数据库中将一些资源注入到过程中。要注入这些资源，可以使用 @Context 注释。可以注入的资源类是：

- Log：用于日志操作。
- TerminationGuard：正常终止数据库操作。
- GraphDatabaseService：提供 Neo4j 图数据库访问接口。

所有上述类都被认为是安全且兼容未来版本的，并且不会危及数据库的安全性。还有几个可以注入的类不是直接支持的（受限制），因为它们可能在没有通知的情况下会被更改[1]。在默认情况下，不会加载使用了这些受限的 API 来编写的程序。如果需要加载，则必须在配置文件中修改 dbms.security.procedures.unrestricted 的设置内容。

14.5　开发扩展函数

用户定义的函数是一种更简单过程的形式。函数是只读的，并且始终返回单个值。虽然在功能上没有那么强大，但它们通常比许多常见任务的程序更容易使用和更高效。

关于扩展过程、扩展函数和汇总函数的定义与区别，请参见 14.1 节。

14.5.1　调用扩展函数

用户定义的扩展函数与任何其他 Neo4j 数据库内置函数有相同的调用方式：RETURN + 完全限定的函数名。例如 RETURN apoc.version()。

14.5.2　开发扩展函数

用户定义扩展函数的创建方式与过程创建的方式类似，但是前者使用@UserFunction 注释，而且返回的是单个值而不是返回值的流。下面我们在 Procedures.java 类中新增扩展函数 greetings(name)，注意其中传递的参数和返回值的类型。

```java
@UserFunction(name = "com.mypackage.greetings")
@Description("com.mypackage.greetings(String name)")
public String greetings(@Name("name") String name) {
    return new String("Hello, " + name + "!");
}
```

下面表 14-2 给出了 Cypher 和 Java 中各种数据类型的对应关系。注：这些类型对应关系同样适用于扩展过程。

表 14-2　Cypher 和 Java 中各种数据类型的对应关系

Cypher 型	Java 类型
String	String
Integer	Long
Float	Double
Boolean	Boolean
Point	org.neo4j.graphdb.spatial.Point
Date	java.time.LocalDate

---

[1] https://neo4j.com/docs/operations-manual/3.5/security/securing-extensions/

（续表）

Cypher 型	Java 类型
Time	java.time.OffsetTime
LocalTime	java.time.LocalTime
DateTime	java.time.ZonedDateTime
LocalDateTime	java.time.LocalDateTime
Duration	java.time.temporal.TemporalAmount
Node	org.neo4j.graphdb.Node
Relationship	org.neo4j.graphdb.Relationship
Path	org.neo4j.graphdb.Path

重要技巧　在函数中产生错误信息的正确方法是抛出 RuntimeException 异常。

14.6　开发扩展汇总函数

　　用户定义的汇总/聚合函数是汇总数据并返回单个结果的函数。有关用户定义过程/函数与汇总/聚合函数之间的定义和比较，请参见 14.1 节。

14.6.1　调用汇总函数

　　用户定义的汇总函数与任何其他 Neo4j 数据库内置函数有相同的调用方式：RETURN + 完全限定的函数名。例如下面的例子定义了一个函数，用于返回所有"人物"节点中最大的年龄。

```
// 14.6（1）
MATCH (p:人物)
RETURN com.mypackage.eldestAge(p.age)
```

14.6.2　编写用户定义的汇总函数

　　用户定义的汇总函数使用注释@UserAggregationFunction。汇总函数必须返回聚合器类的实例。聚合器类包含一个带 @UserAggregationUpdate 注释的方法和一个带 @UserAggregationResult 注释的方法。带@UserAggregationUpdate 注释的方法将根据返回结果多次调用汇总过程以汇总数据。在完成汇总后，会执行带 @UserAggregationResult 注释的方法一次，返回汇总的结果。

有关 Cypher 与 Java 值和类型的对比，请参见 14.5 节。

下面的例子给出一个计算所有节点中最大年龄的汇总函数。

```java
@UserAggregationFunction
@Description( "com.mypackage.eldestAge(age) - 返回最大的年龄。" )
public LongIntegerAggregator eldestAge ()
{
    return new LongIntegerAggregator();
}

public static class LongIntegerAggregator
{
    private Long eldest = 0l;

    @UserAggregationUpdate
    public void findEldest(@Name( "age" ) Long age )
    {
        if ( age > eldest)
        {
            eldest = age;
        }
    }

    @UserAggregationResult
    public Long result()
    {
        return eldest;
    }
}
```

14.7　细粒度图数据访问控制

Neo4j 图数据库提供五种通用数据库角色，并为它们分配了相应的全局访问权限：

（1）Reader：只读。

（2）Publisher：读写数据。

（3）Architect：定义索引、限制等数据库模式对象。

（4）Administrator：管理用户和角色，管理数据库运行。

（5）Procedure：运行过程。

在 3.5 版中增加了基于属性的访问控制[1]。在 2020 年 1 月发布的 4.0 版本企业版中还会增加对特定标签和关系类型的访问控制特性，以及对多数据库的支持来隔离应用数据。

然而，如果上面的各类访问控制仍然不能满足应用需求，例如要根据特定标签、关系和属性上的过滤条件对图的一部分子图实现访问控制，那么可以用下面介绍的方法通过扩展过程来实现。

---

[1] https://neo4j.com/docs/operations-manual/3.5/authentication-authorization/property-level-access-control/

14.7.1　方法

访问控制的基本思路是定义新用户和角色，为该角色指定只有运行某些扩展过程的权限，然后在扩展过程中根据调用过程的用户及其角色，应用不同的过滤条件，按照标签、关系类型、属性值对结果进行筛选。

这些用户因为只有运行特定过程的权利，因此无法通过 Neo4j Browser 登录数据库来运行 Cypher 查询，而只能通过应用客户端访问数据库。

以下以 Neo4j 的 Movies 样例数据库为例，实现一个限制用户只能访问图中 Movies 节点的过程。

14.7.2　定义用户和角色

以 Administrator 角色用户登录 Neo4j，执行以下操作。

```
// 创建一个只能访问 Movie 节点的角色。

CALL dbms.security.createRole("movies_only")

// 创建一个新用户 lockedDown，登录口令是 abc,
// 而且不允许在初次登录时修改口令。

CALL dbms.security.createUser("lockedDown", "abc", false)

// 为新用户指定角色。目前该用户没有任何其他数据库权限。

CALL dbms.security.addRoleToUser("movies only", "lockedDown")
```

在 neo4j.conf 中为新角色指定可执行的过程：

```
# 为 movies_only 角色指定扩展过程名
# 可以指定多个规则，之间用分号(;)隔开

dbms.security.procedures.roles=
com.mypackage.moviesOnly:movies only;
```

14.7.3　实现扩展过程

按照本章前面的步骤，新建一个类并实现 moviesOnly 过程。代码如下：

```java
@Description( "Find movies by an actor" )
@Procedure( name = "com.mypackage.moviesOnly", mode = Mode.READ )
public Stream<Movie> moviesOnly( @Name( "name" ) String name )
        throws InvalidArgumentsException, IOException
{
    // 在这里添加需要的过滤条件
    String query = "MATCH (:Person {name: {name}})-[:ACTED_IN]->(movie)
RETURN movie";

    return db.execute( query, map("name", name) )
}
```

过程中可以按照需求应用不同的过滤条件来实现对子图的细粒度访问控制。

第 15 章
◀ 自定义的图遍历 ▶

使用数据库扩展实现自定义的图遍历过程可以更加高效和灵活地对节点、关系和路径进行搜索。

15.1 自定义的图遍历概述

Cypher 是声明型的图模式匹配和查询语言，它的最大的优点是易于理解和使用。对于递归型的路径遍历和匹配，使用其他声明型语言（如 SQL），就不得不使用大量连接（JOIN）或者借助于过程型的语言，因而实现非常复杂；使用过程型语言如存储过程、Gremlin、Spark、GSQL 等，实现复杂且调试困难，对使用者有相当的技术背景要求。

Cypher 查询在执行时先被解析，再生成查询计划，然后执行计划中的每个步骤。最佳的执行计划是查询优化器选出的：在默认情况下是基于成本最小（Cost-based）原则，成本的计算是根据数据库中相关对象的统计信息。

然而，由于图数据的特殊性和路径遍历的复杂性，Cypher 查询执行计划并不总是最优化和最有效率的。想象一下，如果有三个节点 A-B-C，且 A-B 之间和 B-C 之间各有 1000 条边，那么从 A-C 之间就有 1 百万条不同的路径（关系的组合）！如果不考虑关系的方向，那么路径的总数非常庞大（请参见 4.2 节中关于图数据库路径匹配的说明）。这时，使用扩展过程实现自定义的遍历，可以对遍历进行更加细粒度的扩展，在遍历过程中合并重复和冗余路径，因而可以大大提高查询的性能。

在 APOC 路径扩展过程中的 expandConfig()和 subgraph()过程就是基于 Neo4j 的"图遍历框架"（Traversal Framework）实现的高效路径搜索过程。在本章中，我们会介绍图遍历框架，并基于它实现一个统计 k-最近邻（即 K-度邻居）的过程，然后与功能等价的 Cypher 查询进行性能比较。

15.2 Neo4j 遍历框架

Neo4j 遍历框架 Java API 是基于回调（Callback-based）的、懒惰执行（Lazy-Execution）

的方式来指定如何对图数据库中对象进行遍历的 Java 过程库[1]。

15.2.1　主要概念

遍历框架中的基本概念是遍历描述符（Traversal Description）。下面简要说明可以修改或添加到遍历描述符的所有不同方法。

- Pathexpanders：定义要遍历的内容，通常是关系方向和类型。
- Order：遍历顺序，例如深度优先或广度优先。
- Uniqueness：唯一性，即是否只访问节点（关系，路径）一次。
- Evaluator：决定返回什么以及是否在当前位置停止或继续遍历。
- Starting nodes：遍历开始的节点。

图 15-1 描述了这些方法之间的关系。

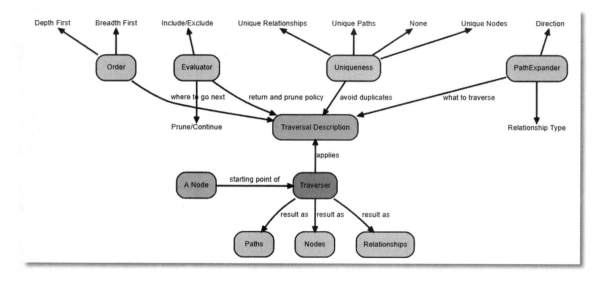

图 15-1　Neo4j 遍历框架

15.2.2　遍历框架 Java API

遍历框架主要包含几个接口：Node、Relationship、TraversalDescription、Evaluator、Traverser 和 Uniqueness。另外，Path 接口在遍历中也有特殊用途，因为它在下一步操作时表示当前位于图中的位置。此外，PathExpander（替换 RelationshipExpander 和 Expander）接口是遍历的核心，但 API 的用户很少需要实现它。另外还有一套接口为高级应用设计，特别是需要在遍历时明确控制顺序：BranchSelector，BranchOrderingPolicy 和 TraversalBranch。

关于遍历框架的各个接口的详细说明请参见 Neo4j Java 有关的《遍历开发框架》。

这里我们通过一个例子来帮助理解上述接口的作用，如图 15-2 所示。

---

[1] https://neo4j.com/docs/java-reference/3.5/tutorial-traversal/

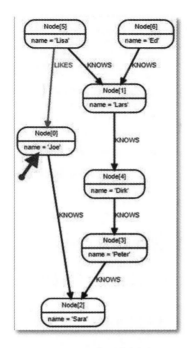

图 15-2　遍历的例子

参考图 15-2，从 Joe 出发，按照深度优先顺序，沿着 KNOWS（任意方向）、LIKES（仅进入方向）遍历，最大到 5 层时停止。代码如下：

```java
for ( Path position : db.traversalDescription()
            .depthFirst()
            .relationships( Rels.KNOWS )
            .relationships( Rels.LIKES,
                        Direction.INCOMING )
            .evaluator( Evaluators.toDepth( 5 ) )
            .traverse( node ) )
    {
        output += position + "\n";
    }
```

返回结果如下：

```
(0)
(0)<-[LIKES,1]-(5)
(0)<-[LIKES,1]-(5)-[KNOWS,6]->(1)
(0)<-[LIKES,1]-(5)-[KNOWS,6]->(1)<-[KNOWS,5]-(6)
(0)<-[LIKES,1]-(5)-[KNOWS,6]->(1)-[KNOWS,4]->(4)
(0)<-[LIKES,1]-(5)-[KNOWS,6]->(1)-[KNOWS,4]->(4)-[KNOWS,3]->(3)

(0)<-[LIKES,1]-(5)-[KNOWS,6]->(1)-[KNOWS,4]->(4)-[KNOWS,3]->(3)-[KNOWS,2]-
>(2)
```

如果要创建一个遍历器，遍历深度大于 2 而且小于 4，并且只需返回节点的 name 属性，那么可以这样初始化遍历框架：

```
for ( Path path : friendsTraversal
            .evaluator( Evaluators.fromDepth( 2 ) )
            .evaluator( Evaluators.toDepth( 4 ) )
            .traverse( node ) )
    {
        output += currentNode.getProperty( "name" ) + "\n";
    }
```

15.3　生成测试图

接下来我们要做一些图遍历性能测试：在一个随机生成的 50 万节点的图上，寻找某个节点的 4-度邻居的数量。

因为是模拟的社交网络图，这里将使用"无标度网络"模型的 BA 算法。关于无标度网络以及其他各种网络类型的生成，请参见 8.7 节。

```
// 15.3(1) 生成一个有 50 万节点、约 2 百万条边的"无标度网络"。
//          节点标签为 Node，关系类型为 LINKS。
//          使用时间：27.15秒，在 Neo4j Browser 中执行。下同。
CALL apoc.generate.ba(500000,4,'Node', 'LINKS')
```

15.4　k-度邻居统计 – Cypher 的实现

使用 Cypher 统计某个节点的 4-度邻居的数量应该不难实现：

```
// 15.4(1) 搜索某个节点的4-度邻居的数量。
//          根据实际邻居数量的多少，查询耗时不等：
//          - 邻居数量741，耗时8ms
//          - 邻居数量9032，耗时253ms
//          - 邻居数量446968，耗时5.6s（参见下面的查询）

MATCH (u:Node)-[*1..4]->(c)
WHERE id(u) = 9
RETURN count(DISTINCT c)
```

对于 4-度邻居，找到几乎 95% 的节点（44 万 6 千）耗时约 5.6 秒。如果不规定关系的方向，耗时约 13 秒，也不算太差。查询如下：

```cypher
// 15.4(2) 搜索某个节点的4-度邻居的数量，不指定方向（双向）。
//         - 邻居数量498359，耗时12.8s（参见下面的查询）

MATCH (u:Node)-[*1..4]-(c)
WHERE id(u) = 9
RETURN count(DISTINCT c)
```

　　在 Node 节点的 uuid 属性上建立索引后，通过索引找到起始节点，执行相同的操作耗时基本一样。

```cypher
// 15.4(3) 搜索某个节点的4-度邻居的数量，不指定方向（双向）。
//         - 邻居数量498359，耗时12.8s（参见下面的查询）

MATCH (u:Node)-[*1..4]-(c)
WHERE u.uuid = 'b3501e35-42a8-413c-b2f1-0ef5fb9b8769'
RETURN count(DISTINCT c)
```

Started streaming 1 records after 12793 ms and completed after 12794 ms. .

15.5　k-度邻居统计 – 扩展过程的实现

　　如果你不记得怎样创建项目，定义包和类以及部署包到 Neo4j 数据库服务器，请参见第 14 章的相关内容。下面继续使用 Procedures 项目。

15.5.1　创建过程

　　在 Procedures.java 中添加新的过程 neighbourCount1，来遍历和统计 k-度邻居的数量。

```java
// 统计 k-度邻居的数量 knn1：使用 HashSet 保存节点，方向无关
// 参数：node - 起始节点, distance - 距离
@Procedure(name = "com.mypackage.knn1.count", mode = Mode.READ)
@Description("CALL com.mypackage.knn1.count(Node node, Long distance)")
public Stream<LongResult> neighbourCount1(
            @Name("node") Node node,
            @Name(value="distance", defaultValue = "1") Long
distance)
        throws IOException
{
    if (distance < 1) return Stream.empty();

    if (node == null) return Stream.empty();

    Iterator<Node> iterator;
    Node current;

    HashSet<Node> seen = new HashSet<>();    // 保存找到的节点
```

```
HashSet<Node> nextA = new HashSet<>();   // 保存偶数层节点
HashSet<Node> nextB = new HashSet<>();   // 保存奇数层节点

// 处理起始节点
seen.add(node);
nextA.add(node);

// 寻找第一层的节点 => nextB
for (Relationship r : node.getRelationships()) {
    nextB.add(r.getOtherNode(node));
}

// 从第一层的节点开始，寻找下一层节点，直到到达 distance 层
for (int i = 1; i < distance; i++) {
    // 这里处理偶数层：2、4、6、8...

    // 去除已经访问过的节点
    nextB.removeAll(seen);

    seen.addAll(nextB);
    nextA.clear();
    iterator = nextB.iterator();
    while (iterator.hasNext()) {
        current = iterator.next();
        for (Relationship r : current.getRelationships()) {
            nextA.add(r.getOtherNode(current));
        }
    }

    i++;

    if (i < distance) {
        // 这里处理奇数层：3、5、7...
        nextA.removeAll(seen);
        seen.addAll(nextA);
        nextB.clear();
        iterator = nextA.iterator();
        while (iterator.hasNext()) {
            current = iterator.next();
            for (Relationship r : current.getRelationships()) {
                nextB.add(r.getOtherNode(current));
            }
        }
    }
}

// 退出循环时，将最后一层的节点保存到已访问节点列表中
if ((distance % 2) == 0) {
    nextA.removeAll(seen);
    seen.addAll(nextA);
```

```
    } else {
      nextB.removeAll(seen);
      seen.addAll(nextB);
    }

    // 去除起始节点
    seen.remove(node);
    return Stream.of(new LongResult((long) seen.size()));
}
```

编译并生成 jar 文件，复制 jar 文件到<NEO4J_HOME>/plugins 目录中，重新启动 Neo4j。运行下面的 Cypher 调用新创建的过程来统计节点的 4-度邻居。与 15.4(3)中的结果相比，性能提高 55%。

```
// 15.5(1) 调用扩展过程统计某个节点的4-度邻居的数量，不指定方向（双向）。
//         - 邻居数量498359，耗时5.3s（参见下面的查询）

MATCH (u:Node)
WHERE u.uuid = 'b3501e35-42a8-413c-b2f1-0ef5fb9b8769'
CALL  com.mypackage.knn1.count(u,4)
YIELD value
RETURN value

Started streaming 1 records after 3 ms and completed after 5151 ms.
```

在扩展过程 neighbourCount1() 中，每一次获得节点的邻居，都会通过执行 nextA.removeAll(seen)和 nextB.removeAll(seen)先判断邻居是否在以前的遍历中访问过。如果已经访问过，那么节点将不会被加入。这样可以大大减少重复搜索的节点和路径，因而执行效率要更加高。

15.5.2 进一步优化

从上面的例子可以看到，使用扩展过程比完全依赖 Cypher 的查询计划生成的执行过程效率更加高。那么是不是有进一步优化的空间和方法呢？答案是肯定的。

对于上面的 neighbourCount1()过程，可以进一步从以下两个方面进行优化：

（1）使用 RoaringBitmap 代替 Hashset 保存节点。
（2）保存节点的内部 ID 代替节点对象。

我们先将 RoaringBitmap 加入项目的依赖关系中，打开 pom.xml 加入以下的行：

```
<properties>
<neo4j.version>3.5.5</neo4j.version>
<neo4j.driver.version>1.7.2</neo4j.driver.version>
<roaring.version>0.7.30</roaring.version>
<project.build.sourceEncoding>UTF-8</project.build.sourceEncoding>
</properties>
```

在<dependencies>下添加下面的行：

```
<dependency>
    <groupId>org.roaringbitmap</groupId>
    <artifactId>RoaringBitmap</artifactId>
    <version>${roaring.version}</version>
</dependency>
```

记得在 IntelliJ IDEA 中导入新的依存库。

回到 Procedures.java 中，创建另一个过程 neighbourCount2()，代码如下。注意有阴影的
行是与 neighbourCount1()中不一样的部分。

```java
// 统计 k-度邻居的数量 knn1：使用 RoaringBitmap 保存节点，方向无关
// 参数：node - 起始节点，distance - 距离
@Procedure(name = "com.mypackage.knn2.count", mode = Mode.READ)
@Description("CALL com.mypackage.knn2.count(Node node, Long distance)")
public Stream<LongResult> neighbourCount2(@Name("node") Node node,
                                @Name(value="distance", defaultValue =
"1") Long distance)
        throws IOException
{
    if (distance < 1) return Stream.empty();

    if (node == null) return Stream.empty();

    Iterator<Node> iterator;
    Node current;

    RoaringBitmap seen = new RoaringBitmap();      // 保存找到的节点
    RoaringBitmap nextA = new RoaringBitmap();     // 保存偶数层节点
    RoaringBitmap nextB = new RoaringBitmap();     // 保存奇数层节点

    int startNodeId = (int) node.getId();

    // 处理起始节点
    seen.add(startNodeId);
    nextA.add(startNodeId);

    // 寻找第一层的节点 => nextB
    for (Relationship r : node.getRelationships()) {
        nextB.add((int) r.getEndNodeId());
        nextB.add((int) r.getStartNodeId());
    }

    // 从第一层的节点开始，寻找下一层节点，直到到达 distance 层
    for (int i = 1; i < distance; i++) {
        // 这里处理偶数层：2、4、6、8...

        // 去除已经访问过的节点
        nextB.andNot(seen);
```

```
    seen.or(nextB);
    nextA.clear();

    for (Integer nodeId : nextB) {
        for (Relationship r : db.getNodeById(
                (long) nodeId).getRelationships()) {
            nextA.add((int) r.getEndNodeId());
            nextA.add((int) r.getStartNodeId());
        }
    }

    i++;

    if (i < distance) {
        // 这里处理奇数层：3、5、7...
        nextA.andNot(seen);
        seen.or(nextA);
        nextB.clear();

        for (Integer nodeId : nextA) {
            for (Relationship r : db.getNodeById(
                    (long) nodeId).getRelationships()) {
                nextB.add((int) r.getEndNodeId());
                nextB.add((int) r.getStartNodeId());
            }
        }
    }
}

// 退出循环时，将最后一层的节点保存到已访问节点列表中
if ((distance % 2) == 0) {
    nextA.andNot(seen);
    seen.or(nextA);
} else {
    nextB.andNot(seen);
    seen.or(nextB);
}

// 去除起始节点
seen.remove(startNodeId);

return Stream.of(new LongResult((long) seen.getCardinality()));
}
```

编译成功并生成 jar 包后，复制到<NEO4J_HOME>/plugins 目录下，重新启动 Neo4j。我们来测试一下性能。与 15.4(3)中的结果相比，性能提高 75%；与 15.5(1)中的结果相比，性能提高 45%。

```
// 15.5(2) 调用扩展过程统计某个节点的4-度邻居的数量，不指定方向（双向）。
//         - 邻居数量498359，耗时2.9s（参见下面的查询）

MATCH (u:Node)
WHERE u.uuid = 'b3501e35-42a8-413c-b2f1-0ef5fb9b8769'
CALL com.mypackage.knn2.count (u,4)
YIELD value
RETURN value

Started streaming 1 records after 1 ms and completed after 2950 ms.
```

　　通过 JVM 监控，也可以看出扩展过程在内存占用和 CPU 消耗方面也更加节省，如图 15-3 所示。

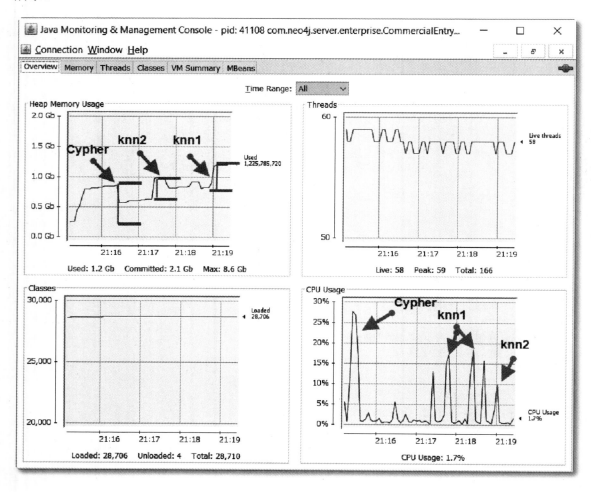

图 15-3　JVM 监控的查询执行状况